国家出版基金项目
NATIONAL PUBLICATION FOUNDATION

"十四五"国家重点出版物出版规划项目

生态环境损害鉴定评估系列丛书　总主编　高振会

农业生态环境损害鉴定评估概论

主　编　王　伟
副主编　熊明民　孙希超
参　编　王　伟　熊明民　孙希超　周其文
　　　　徐国杰　强沥文　赵晋宇　姜雪锋
　　　　赵　倩
主　审　黄丽丽

山东大学出版社
SHANDONG UNIVERSITY PRESS
·济南·

内容简介

本书是在作者多年教学实践的基础上编写而成的，内容力求简明、准确、实用。本书的出版对推动农业生态环境损害鉴定评估工作的发展具有重要意义。

本书系统地介绍了农业生态环境损害鉴定评估的相关知识，共分为四篇：第一篇为基础理论，内容包括农业环境损害和农业生态环境损害鉴定评估；第二篇为关键技术，内容包括农业环境损害诊断识别和农业环境损害溯源技术；第三篇为关键环节，内容包括基线判定、因果关系鉴定、农田生态系统损害鉴定评估；第四篇为教学案例，内容包括农用地土壤环境损害典型案例解析、农用水体环境损害典型案例解析、农区大气环境损害典型案例解析。

本书可供生态环境损害科研院所研究人员参考使用，也可作为高等院校环境类相关专业本科生、研究生教材，还可作为生态环境损害司法鉴定人员资格考试培训教材。

图书在版编目(CIP)数据

农业生态环境损害鉴定评估概论/王伟主编. 济南：山东大学出版社，2024.10. --（生态环境损害鉴定评估系列丛书 / 高振会总主编). -- ISBN 978-7-5607-8157-0

Ⅰ. X501

中国国家版本馆 CIP 数据核字第 2024H1A713 号

策划编辑　祝清亮
责任编辑　任雅航
封面设计　王秋忆

农业生态环境损害鉴定评估概论
NONGYE SHENGTAIHUANJING SUNHAI JIANDINGPINGGU GAILUN

出版发行　山东大学出版社
社　　址　山东省济南市山大南路 20 号
邮政编码　250100
发行热线　(0531)88363008
经　　销　新华书店
印　　刷　山东华鑫天成印刷有限公司
规　　格　787 毫米×1092 毫米　1/16
　　　　　14 印张　222 千字
版　　次　2024 年 10 月第 1 版
印　　次　2024 年 10 月第 1 次印刷
定　　价　56.00 元

生态环境损害鉴定评估系列丛书
编委会

总　序

生态环境损害责任追究和赔偿制度是生态文明制度体系的重要组成部分，有关部门正在逐步建立和完善包括生态环境损害调查、鉴定评估、修复方案编制、修复效果评估等内容的生态环境损害鉴定评估政策体系、技术体系和标准体系。目前，国家已经出台了关于生态环境损害司法鉴定机构和司法鉴定人员的管理制度，颁布了一系列生态环境损害鉴定评估技术指南，为生态环境损害追责和赔偿制度的实施提供了快速定性和精准定量的技术指导，这也有利于促进我国生态环境损害司法鉴定评估工作的快速和高质量发展。

生态环境损害涉及污染环境、破坏生态造成大气、地表水、地下水、土壤、森林、海洋等环境要素和植物、动物、微生物等生物要素的不利改变，以及上述要素构成的生态系统功能退化。因此，生态环境损害司法鉴定评估涉及的知识结构和技术体系异常复杂，包括分析化学、地球化学、生物学、生态学、大气科学、环境毒理学、水文地质学、法律法规、健康风险以及社会经济等，呈现出典型的多学科交叉、融合特征。然而，我国生态环境司法鉴定评估体系建设总体处于起步阶段，在学科建设、知识体系构建、技术方法开发等方面尚不完善，人才队伍、研究条件相对薄弱，需要从基础理论研究、鉴定评估技术研发、高水平人才培养等方面持续发力，以满足生态环境损害司法鉴定科学、公正、高效的需求。

为适应国家生态环境损害司法鉴定评估工作对专业技术人员数量和质量的迫切需求，司法部生态环境损害司法鉴定理论研究与实践基地、山东大学生态环境损害鉴定研究院、中国环境科学学会环境损害鉴定评估专业委员会组织编写了生态环境损害鉴定评估系列丛书。本丛书共十二册，涵盖了污染物性质鉴定、地表水与沉积物环境损害鉴定、空气污染环境损害鉴定、土壤与地下水环境损害鉴定、海洋环境损害鉴定、生态系统环境损害鉴定、其他环境损害鉴定及相关法律法规等，内容丰富，知识系统全面，理论与实践相结合，可供环境法医学、环境科学与工程、生态学、法学等相关专业研究人员及学生使用，也可作为环境损害司法鉴定人、环境损害司法鉴定管理者、环境资源政府主管部门相关人员、公检法工作人员、律师、保险从业人员等人员继续教育的培训教材。

鉴于编者水平有限，书中难免有不当之处，敬请批评指正。

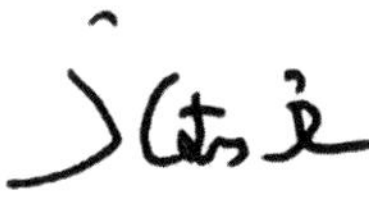

2023 年 12 月

前言

2016年，司法部、环境保护部联合印发了《环境损害司法鉴定机构登记评审办法》《环境损害司法鉴定机构登记评审专家库管理办法》，环境损害司法鉴定作为第四类司法鉴定，正式纳入全国司法鉴定统一登记管理。2017年8月29日，中央全面深化改革领导小组第三十八次会议审议通过了《生态环境损害赔偿制度改革方案》，对生态环境损害鉴定评估提出了具体要求。随后，《环境损害司法鉴定机构登记评审细则》和《环境损害司法鉴定执业分类规定》颁布实施，环境损害司法鉴定规范化进程进一步加快。归纳起来，环境损害司法鉴定难主要体现在三个方面。一是研究基础薄弱，一些急需的、精准化程度高的、成本低的技术尚处于空白、探索或起步阶段，离落地推广还有一段很长的路要走。二是鉴定依据特别是技术标准还不健全，开展鉴定缺乏技术依据。污染损害现场诊断、农作物受害症状识别、农作物不同生长阶段受害程度判定等，缺乏技术支撑，致使不少鉴定委托事项因依据缺失而无法开展。三是鉴定队伍呈两极分化趋势。科研院所兼职从事司法鉴定的人员缺乏实践经验，专门从事司法鉴定工作的社会化司法鉴定机构的鉴定人员业务素养不高、良莠不齐，以上二者的操作能力和水平均有待提高。按照环境损害司法鉴定登记准入相关要求，优先准入的司法鉴定机构和人员是从事科研与教学的单位和科研人员，这些人员具备良好的科研能力和素养，但存在长期脱离司法鉴定一线实践、科研思维固化、鉴定素养缺乏、科研思维转化为鉴定思维的难度较大等具体问题。与科研人员相比，长期从事鉴定业务的人员则常常陷于具体的鉴定业务中，总结提炼不够。两者所短叠加，致使科研成果与鉴定实务之间缺乏有效衔接，实务操作能力得不到有效提升。

2012年以来，农业农村部（原农业部）环境保护科研监测所（以下简称“研究所”）、农业生态环境及农产品质量安全司法鉴定中心等单位组织专门科研力量，围绕农业生态环境损害鉴定评估开展了大量科研与实践工作，先后主持“农田生态环境损害鉴定评估业务化技术研究”（2016YF C0503604）、“公益诉讼领域生态环境损害鉴定评估方法和模型研究”（2020YF C0832804-2）等国家重点研发计划课题（子课题）、国家自然基金项目等省部级以上科研项目18项，完成重特大疑难复杂农业生态环境损害鉴定评估项目30余项，主持制定了《农业环境污染损害司法鉴定操作技术规范》（SF/Z JD0606001—2018）、《农业环境损害事件损失评估技术准则》（NY/T 1263—2022）等行业标准7项，出版了有关农用地土壤、农作物、水产养殖等3部“一看就懂、一学就会”的环境损害鉴定评估操作实务书籍，出版了《农业生态环境及农产品质量安全司法鉴定专论》《农业环境污染事故诊断技术指南》等学术著作8部，获省部级奖励1项，发表高水平学术论文30多篇，参与了《关于推进生态环境损害赔偿制度改革若干具体问题的意见》（环法规〔2020〕44号）等政策法规的起草，独立处理或组织处理农业环境污染事故或突发污染事件300余起。2016年，研究所发起设立中国农学会农业生态环境损害鉴定评估分会，并成为分会挂靠单位，是中国环境科学学会环境损害鉴定评估专业委员会主要发起者与副主任委员单位。2020年，研究所与最高人民检察院检察技术信息研究中心签订战略合作协议。2023年，研究所在司法鉴定中心的基础上，组建了农业生态环境损害鉴定评估科研创新团队，迎来了难得的发展机遇。上述学术共同体与学术成果的形成，为本书的编写打下了坚实基础。

为了加快推进环境损害司法鉴定工作，培养高素质、高水平的从业人员队伍，提高鉴定人员或者相关司法鉴定工作人员的操作能力，司法部生态环境损害司法鉴定理论研究与实践基地、山东大学生态环境损害鉴定研究院、中国环境科学学会环境损害鉴定评估专业委员会组织编写了生态环境损害鉴定评估系列丛书。本书作为其中之一，旨在有效衔接科学研究与鉴定实务，注重操作性和实践性，帮助相关专业人员快速掌握鉴定知识，发现科学问题，全面提升科研能力和解决实际问题的本领。

本书是在深入学习习近平生态文明思想和加快建设农业强国的战略部署的基础上，贯彻推动生态环境赔偿制度改革、健全环境损害司法鉴定管理体制机制、农用地土壤责任人认定、保障国家粮食安全等党中央、国务院重大部署、重大改革落实落地的具体举措。与农学、环境学等以生态保护和农业生产等常规需求为导向的书籍不同，本书不是聚焦生产和环境中存在的新型污染物质，并对其进行污染机制探究，而是主要关注常规情况下不可能出现的特殊现象或者极端现象，旨在解决特殊事件中存在或者出现的具有普遍性、规律性的科学问题，关注模拟实验、对比实验、情景再现、情节推演等方法的运用。此外，本书主要探索农业受体损害的判定方法、受体损害与生态环境污染或破坏行为的关系，以及人们的生态环境行为对受体损害的贡献率，在法律框架下，论述个案中损害基线、损害确认、因果关系及损失评估的技术方法和技术流程，揭示受体损害的事实真相，为解决环境纠纷提供科学证据。

本书全方位、系统性关注农业生态环境损害鉴定评估问题，从基础理论、关键技术、关键环节、教学案例四个方面进行阐释。第一篇为基础理论，由农业环境损害和农业生态环境损害鉴定评估两章组成；第二篇为关键技术，由农业环境损害诊断识别和农业环境损害溯源技术两章组成；第三篇为关键环节，由基线判定、因果关系鉴定、农田生态系统损害鉴定评估三章组成；第四篇为教学案例，由农用地土壤环境损害典型案例解析、农用水体环境损害典型案例解析、农区大气环境损害典型案例解析三章组成。

本书面向法学、农学、环境学等学科的本科生和研究生，面向社会上从事环境损害司法鉴定的一线工作人员，能够使学生及其他本书的使用人员更好地理解农业环境损害和农业环境鉴定相关理论，并运用于实践。

在本书策划及编写过程中，我们诚惶诚恐，唯怕处理不好二者的关系，平衡不了理论与实际的比重，更担心自己的能力和水平不足。值得欣慰的是，本书的编写者曾就读于国内知名大学，均获得博士、硕士学位，且均具有五年以上的鉴定评估从业经验，牵头或全面参与处理过重特大复杂疑难鉴定案件；本书的组织编写单位具有良好的科研与实务基础，经过三代人的努力，在传承中夯实了根基。但受限于个人能力与专业视野，本书难免存在不足之处，衷心希望读者批评指正。

编　者

2023 年 11 月

目 录

第一篇 基础理论

第二篇 关键技术

第一篇　基础理论

第 1 章　农业环境损害

【内容提要】 当前，因经济高速发展而积累的环境问题逐渐暴露，农业环境损害事件呈现高发态势，环境污染、生态破坏已成为威胁农产品安全、耕地健康及农田生态系统的重要诱因，成为农业绿色高质量发展的“绊脚石”。本章从农业环境、农业环境损害和农业环境损害学的概念与特征出发，详细介绍了农业环境损害事件的典型致害方式（包括大气污染物排放、污水灌溉、固体废弃物堆放、农用化学品投入、环境污染行为）、特点、危害、应对措施以及应急监测方法，能够帮助本书的使用人员建立农业环境损害相关知识理论的宏观框架，为后续章节的学习奠定良好基础。

1.1　农业环境损害概述

1.1.1　相关概念

1.1.1.1　农业环境的概念

农业环境是指农业生物正常生长繁育所需的各种自然的和经人工改造的半自然因素的综合整体，主要包括农作物、林木、畜禽、鱼类等生物要素和水体、土壤、空气、光照、温度等环境要素。每种环境要素在不同时间、空间都有质量问题。当前我国农业环境的突出问题是环境污染和生态破坏。

1.1.1.2 农业环境损害的概念

农业环境损害是指污染环境、破坏生态致农业生物性状变异、生长受阻、产量减少或质量下降,致农业环境要素及农业生态系统结构、组成、功能发生不利改变,生态环境质量降低等现象。其中,污染环境主要指各种污染物质通过大气、水体、土壤、辐射等途径进入农业生产环境,对农业生物、农业生产环境和生态系统造成的损害;破坏生态主要包括在农业生产区域,非法采砂、渔业滥捕超捕、侵占水域岸线、围湖造田、围垦河道、水域拦截、工程建设、超载放牧、滥采药材、毁草开荒、乱捕滥杀野生动物、非法占用耕地、农区土地破坏、外来物种侵入、地下水超采等破坏生态的行为,对农业生物、农业生产环境和生态系统造成的损害。

1.1.1.3 农业环境损害学的概念

农业环境损害学是一门研究人类社会发展活动与农业受体环境损害发生发展规律的学科,是以农业受体损害为抓手,研究受体损害识别,损害基线,损害程度确认,损害与行为之间的因果关系,不同环境行为对损害的原因力、贡献率及其损害价值的科学活动。农业环境损害学既是农业环境学科群的重要组成部分,又与农产品安全学科群密切相关,是新兴综合交叉学科。本学科从损害事实出发,以问题和需求为导向,以实践中发生的农业环境损害事件和农产品安全事件为抓手,遵循"症状识别—损害诊断—基线确定—损害确认—因果关系分析—损失评估"的研究路径,从个案中发现具有普遍性、规律性、短缺性的科研命题,反向思考和研究农业资源与环境和农产品安全中的突出问题,开展特有技术方法和基础理论研究,重点支撑农用地土壤污染责任人认定、涉农食品环境公益诉讼、生态环境损害赔偿制度改革、农业生态环境价值核算、农业环境损害事件和农产品安全事件调查处理,以及相关领域的农业行政执法工作。农业环境损害学与20世纪90年代兴起的环境法医学有一定的相关性。1990年,美国学者率先提出"环境法医学"概念;2000年,环境法医学杂志《环境取证》(*Environmental Forensics*)创刊,主题涉及大气、水体、土壤和生物圈等环境介质污染问题；2002 年，国际环境法医学会在美国马萨诸塞州成立，相关的生态环境损害鉴定研究逐渐步入正轨。截至目前，英国威尔士大学设置环境法医学专业课程，美国、加拿大、英国、澳大利亚、挪威等国家均设有环境法医学方面的技术和研究中心，并培养相关专业的研究生。山东大学率先在国内开设环境法医学专业，并招收硕士、博士研究生。农业环境损害学不仅限于鉴定评估，还涉及预测分析；不仅限于生态、环境因素，还涉及病虫害、田间管理、毒素霉菌、气候变化等内容。

1.1.2　农业环境损害的分类及特征

1.1.2.1　农业环境损害的分类

（1）根据环境要素分类：水污染损害（农业用水）、大气污染损害（农区大气）、土壤污染损害（农田土壤）。

（2）根据污染源分类：内源性污染损害、外源性污染损害。内源性污染损害主要是指农业投入品使用不当对农业生物和环境要素造成的损害，比如无人机给麦田喷洒的农药被风吹至周边鱼塘致使鱼虾和水体受到损害；外源性污染损害是指工业企业排污致农业生物和环境要素损害，比如化工企业排放的二氧化硫等污染物致苹果树等农作物受损。

（3）根据造成污染的性质、来源分类：化学污染损害（化学品）、生物污染损害（寄生虫、细菌和病毒等）、物理污染损害（噪声、射线、热、电磁波等）、固体废弃物污染损害（生活垃圾、一般工业固废、危险废物、农林固废、建筑废料及弃土等）、能源污染损害（煤炭、石油类）。

（4）根据受害对象分类：农作物损害、畜禽类损害、鱼类损害、农产品损害、农业环境损害等。

1.1.2.2　农业环境损害的特征

农业环境损害具有复杂性、潜伏性、持续性和广泛性等特征，根据污染损害的表现特征可具体分为急性损害、慢性损害和隐性损害。

(1)农业环境急性损害的总体特征为污染状况发生急、蔓延速度快、危害性大、造成的局部经济损失也较大,具有即时性、瞬间性、突发性、严重性等特点,此类损害比较容易认定与鉴别。具体而言,急性损害的发生场所较为集中,基本上限定于某一区域范围之内,而且其危害程度呈辐射状分布:污染源附近的危害程度最为严重,以污染源为中心向外展开,其危害程度随着距离的延长逐渐减弱。污染源的方位受污染发生当时的气象及水文条件影响很大,这些因素直接影响受害发生场所的方位判定。一般而言,受害场所的位置与大气污染风向保持一致,水污染一般受水体流向影响,多出现在污染源下游。受到急性损害的生物在受害症状上表现出显著的相似性,即在较短时间内各种生物同时受害,具有明显的突发性和暂时性。农业环境急性损害往往是由突发环境污染事件造成的,较为多见的是工矿企业不安全生产造成的高浓度废气、废水、固体废弃物等污染物的排放,运输途中有毒、有害物质的意外泄漏以及农用化学品的不规范使用等。这些突发性环境污染事件造成较大的农业损害,使农作物在较短的时间内有比较明显的受害症状。

(2)农业环境慢性损害是指农作物、林木、禽兽、鱼类和其他经济作物长期处于低浓度污染物的环境中,逐渐显现其危害的现象。农作物受到慢性污染后会长期表现出受害症状且很难消退。受到慢性污染损害的作物直接表现为生长发育缓慢,虽然在短时间内外表可能不会出现任何伤害症状,但作物的生理机能受到了影响,生长受到抑制,进而造成产量减少,品质降低。此外,因污染物的不同,叶片会出现不同颜色、不同形状的斑块以及扭曲变形、褪绿等症状,除幼苗外作物茎秆一般不易出现伤斑。

(3)农业环境隐性损害的最大特点是具有潜在性和迟滞性,很容易被忽视。一般情况下,当污染物浓度相对较低时,污染物会在一定程度上影响农作物的生理过程,表现为一定的生育抑制作用,而其他影响程度甚微,不足以使叶部表现症状显现和影响作物产量,有时候甚至被认为不存在危害。但若农作物长期受到隐性损害,则较长时间的污染物积累会对农业生产有较大的影响并涉及范围较广,轻则会导致品质变坏、产量下降,重则可能会出现绝收,降低农民收益。

1.2　农业环境损害的致害方式

一般而言，农业环境损害的致害方式有两种：内源性污染和外源性污染。内源性污染是指农业生产和农村生活自身造成的污染，主要包括化肥污染、农药残留、农用塑料的影响、畜禽养殖业造成的污染。与之相应的是外源性污染，主要是指工业和城市中形成的污染物对农业生产条件造成的污染，例如：酸雨对农田土壤和农作物造成危害；二氧化硫、氟化物、粉尘等污染物给粮食、蔬菜、水果、茶叶、桑蚕等带来损失；使用污水灌溉农田，造成土壤板结、作物品质降低；重金属污染严重；城市生活和工业生产排放的大量固体废弃物占用大片的土地，并且造成农田和地下水污染。这些污染直接影响我国食品安全、农产品出口竞争力甚至粮食安全。

1.2.1　大气污染物排放

大气污染是指进入大气中的污染物质超过了大气环境所允许的极限（环境容量），以致大气质量恶化，破坏生态系统和人类正常生存和发展的条件，从而对人类生活、生产和身体健康等造成不良影响的现象。大气污染一部分是由火山爆发、地震、森林火灾等自然因素造成的，另一部分是由工农业生产、交通运输、居民日常生活活动等人为因素造成的。

工业和民用的燃料燃烧、工业生产过程及交通工具所排出的废气是影响农业的主要大气污染物来源。众所周知，工业与民用的各种锅炉、炉窑大多以煤、石油和天然气为主要燃料，这些燃料燃烧后排放的污染物主要有二氧化硫、氮氧化物、碳氢化合物、一氧化碳、苯并[a]芘及烟尘等。各种原材料及成品工业生产过程中的每个环节都有可能排出有毒的大气污染物，有些为单一污染物，有些为复合污染物，例如：硫酸厂、有色冶炼厂及炼铁厂等可排出SO_2；电解铝厂和磷肥厂会排出氟化物；食盐电解法制碱厂、盐酸厂会排出Cl_2；炼油厂、石油化工厂会有SO_2、H_2S、CH_4、苯并[a]芘等多种复合污染物的排出。

根是作物吸收各种物质的首要器官，其次是叶片。但对于吸收气体物质而言，作物则主要是通过叶片吸收。叶片是作物与周围空气进行气体交换的媒介，也是作物的最活跃器官。大气污染物对作物产生危害主要包括两种途径：一是通过植物叶片上的气孔进入，对植株造成危害。具体表现为当外界条件适宜时，叶片气孔处于张开状态，气态污染物颗粒将以小于 1 nm 的尺寸轻松地进入植物体内产生危害，这种危害包括破坏叶片内的叶绿体，影响植物的光合作用、呼吸作用、受精作用、酶的活性等一系列代谢过程，最终导致作物的生长发育受阻、产量和品质下降。除此之外，其他部位也可成为气态污染物侵入植物体的途径，如叶尖及边缘处的水孔、枝条表面的皮孔等。二是气态颗粒污染物（包括以飘尘的形式存在于空气中的重金属毒物）以及氟或含氟气体等污染物会黏附于植物体表面，经过化学反应或溶解渗透作用被作物吸附与吸收，最终进入植物体。此类危害不仅对作物的生长有一定影响，还会残留在粮、菜等农产品中，造成污染。

1.2.2 污水灌溉

污水灌溉是指经处理的污水达到灌溉水质标准要求后作为农业用水的水源用于灌溉。它是一种具有开源节流意义的新型污水处理方式，其目的是将污水与农业用水相结合从而达到污水的再利用。因为生活污水以及工业废水中广泛存在氮（N）、磷（P）、钾（K）等多种植物所需的营养成分，污水的合理使用不仅可以减少营养元素的投入成本，对农业生产也有一定的增产效果。但是，我国污水处理排放达标率较低，污水中含有的重金属、酚、氰化物等许多有毒有害物质会被夹带排入农田造成土壤污染，致使土壤理化性质变劣、土壤肥力下降。如冶炼、电镀、燃料、汞化物等行业所排放的工业废水会引起镉（Cd）、汞（Hg）、铬（Cr）、铜（Cu）等重金属污染，这些有毒重金属随水体进入农田后，大部分会因物理沉降作用进入土壤，重金属污染物在土壤中移动性很小，不易随水淋滤，不为微生物降解，而是通过生物富集作用进入农作物造成污染，具有极大的潜在危害；石油化工、化肥、农药等行业所排放的工业废水会引起酚、三氯乙醛、农药等有机物污染。几种主要的污水污染物介绍如下。

(1)重金属。工业生产排入水体中的重金属,如生物毒性极为显著的有“五毒”之称的汞、镉、铅(Pb)、铬与类金属砷,以及有一定毒性的锌、铜、钴、镍、锡等元素。重金属污染物可以通过生物富集作用在生物体内蓄积,潜在危害极大。

(2)石油类。生产石油类产品的工业废水会在水面形成一层油膜,妨碍水生农作物的光合作用,石油中的有机毒物还会导致农作物中毒死亡。

(3)酸碱类。工业排放的酸碱污染物排入水体会使水体 pH 发生变化,使土壤酸化、盐碱化和板结化。

(4)氰化物。氰化物是剧毒物质,电镀、油漆生产、染料加工等行业会排放含氰废水,当水体中氰化物含量达到 0.1 mg/L 时,鱼类等生物就难以存活。此外,含氰废水还会造成农业减产、牲畜死亡。

(5)农药、化肥。农业生产过程中会大量施用农药和化肥(主要是氮肥)来保证作物的生长需要,这些过度施用的农药与化肥会通过下渗或地表径流的方式对地下水或地面水源造成污染。

(6)其他物质。工业废渣中的有害物质,还会通过雨水冲刷渗入浅层地下水或流入河流。工业废气中的各种污染物也会随降雨过程进入地面水体。

1.2.3 固体废弃物堆放

固体废弃物包含城市生活固体废弃物、工业固体废弃物和农业固体废弃物。影响农业环境的固体废弃物主要包括工厂固体废弃物、废渣、生产生活垃圾和污泥等,其中还包括危险废弃物。固体废弃物在填埋、焚烧和丢弃过程中都不可避免地会直接或间接地进入农业环境,使农田土壤、地表水、地下水受到不同程度的污染。

1.2.4 农用化学品投入

农用化学品是指农业生产中投入的化肥、农药和农膜,它们的使用可以促进农产品的生产,在农业持续高速发展中起着重要作用。

(1)化肥。在农业生产过程中,化肥的使用不当或过量施用,都会对土壤造成污染。长期施用化肥,会使土壤板结化,土壤含盐量过高导致烧苗。过量施用化肥,会使土壤的酸碱性发生改变,土壤的酸化或碱化会直接影响作物的正常生长发育;同时,施肥过量或不当会影响土壤微生物的活性,从而造成土壤有机质不断减少,土壤肥力逐渐衰退。其中,过多施用磷肥,会引起土壤中铁、锌等元素的缺乏;过多施用硝态氮肥,会使饲料作物中蓄积大量的硝酸盐,硝酸盐的摄入会严重妨碍氧气在牲畜体内的输送,牲畜食用此类饲料后极易患病,甚至会死亡。除此之外,在化肥生产过程中,因矿源不清洁等因素影响,少量有害的化学元素也会随之被带入,如工业磷肥、氮肥生产过程中极易掺入镉、砷、硼、氟、铀及其放射性衰变物质等。这些有害元素在磷肥和氮肥的长期大量施用过程中不断积累,造成严重的土壤残留,最终造成土壤污染。此外,过量的化肥还会通过地表径流、淋溶进入地表水和地下水,造成湖泊、江河、水库等水体富营养化,污染水质。

(2)农药。农药不仅在农业生产过程中发挥着重要的积极作用,而且在其他植物病虫害的综合防治中也占有极其重要的地位。但是,在实际的农药使用过程中,大多数施药者不能合理用药,导致农药的利用率降低;而且农药滥用的现象普遍存在,导致药害事件频发,环境污染日益严重,农产品农药残留高,严重影响农产品质量和经济效益。据相关数据统计,在利用农药进行病虫草害防治的过程中,只有25%~30%的农药能够喷到防治靶标上,而喷到靶标害虫上的农药占比不足1%,对害虫起作用的实际药量还不足全部用药量的0.03%,足见农药的利用率之低;其余的则会有20%~30%进入大气和水体,50%~60%残留在土壤中。一些粉剂类、水剂类、乳液类的农药喷施于作物体上时,一部分被作物吸收,一部分逸散入大气中,剩余约一半的农药被迫散落于农田,此部分农药与拌种消毒剂、地下害虫熏蒸剂和杀虫剂等直接施用于田间的农药是农田土壤中农药的两大基本来源。残留农药对农作物的危害主要是通过根系吸收作用进入植物体内,之后在根、茎、叶、果实和种子等植物器官中积累,最终会通过食物链危害人类和牲畜的健康。

农药在土壤中的连年施用,会增加土壤中农药的残留量,因此,土壤不仅是农药在环境中的"储存库",还是农药在环境中的"集散地"。土壤中的农药集散途径有三个：一是通过作物吸收，二是通过蒸发逸散进入大气，三是经降雨或灌溉水冲洗汇入河流和下渗至地下水中。如六六六(现已被禁用)的残留期较长，可被胡萝卜、花生等作物吸收；均三氮苯类除草剂在土壤中具有很长的残留期；一些高效除草剂若使用不当，即使用量很少，也会危害下一茬作物的生长发育。此外，化学农药的使用具有两面性：在防治病虫害的同时也会危害一些有益于农业生产的微生物种群、昆虫、鸟类等，严重破坏自然生态系统，不可避免地会对农作物造成间接性伤害。

(3)农膜。相对于危害较大的化肥与农药而言，农膜对农产品质量的影响相对较小。农膜的主要成分为聚乙烯，但也含有联苯酚、邻苯二甲酸酯、多氯联苯(PCB)等物质，这些物质由于分子结构非常稳定，很难在自然条件下进行光解和热降解，细菌和酶降解等生物降解方式的作用也是微乎其微，农膜的大量不合理使用及难降解性将会导致田间塑料残留日益增多。据数据资料统计，我国农膜年残留量高达 35 万吨，残膜率达 42%，即近一半的农膜残留在土壤中。农膜无法在土壤中降解，而农膜回收工作也未能很好地落实，由此造成的生态破坏和环境污染也日趋恶化。

未降解的农膜残留在农田里，会严重影响土壤的物理性质，其最直接的影响是阻碍土壤内各物质以及能量的互相传递，抑制微生物生长繁殖，改变土壤特性。残留农膜会使耕层土土壤容重显著降低，总孔隙度、非毛管孔隙显著增大，土壤分散系数增大，结构系数降低。试验显示，耕层土土壤紧结态碳占总腐碳的比重在整个生育期明显降低，这表明覆膜处理会消耗耕层土壤中的有机碳，直接造成土壤肥力下降；残留农膜积累还会阻滞上升水流对根层水分的补充。残留农膜使耕层土土壤性状变劣，直接影响了后茬作物的生长。另外，塑料中少量的可降解成分在自然环境中分解后会生成有害物质，一方面直接对土壤造成危害，另一方面通过降水及地表径流或下渗进入水体对水环境造成危害。研究表明，农膜使用年限越久，残留量越大，作物减产率越高。如连续使用农膜 2 年以上的麦田，每公顷残留农膜达 103.5 kg，小麦减产 9%；连续使用 5 年的麦田，每公顷残留农膜达 375 kg，小麦减产 26%。

1.2.5 环境污染行为

农业环境中的污染物种类繁多,但总体可划分为无机污染物和有机污染物两大类。无机污染物指的是各种有毒金属及其氧化物,酸、碱、盐类等。采矿、冶炼、机械制造、建筑材料、化工等行业生产排出的污染物中含有大量的无机污染物,其中硫、氮、碳的氧化物和金属粉尘是主要的大气无机污染物。各种酸、碱、盐类的排放,会引起水体污染,其中所含的重金属如铅、镉、汞、铜会在沉积物或土壤中积累,通过食物链危害人类与其他生物的健康。无机污染物一部分是随着地壳变迁、火山爆发、岩石风化等天然过程进入大气、水体、土壤和生态系统的,另一部分是随着人类的生产和消费活动而进入的。各种无机污染物在环境中迁移和转化,参与并干扰各种环境化学过程和物质循环过程,对环境造成无机污染物的污染。对农业环境造成危害的有机污染物主要是化学农药(杀虫剂、杀菌剂、除草剂等)、酚类、苯系物、醛类、石油类及其他各类有机污染物。其中,人工合成的有机氯农药等化学性质相对稳定,在土壤环境中的分解速度较为缓慢,会导致有毒物质在土壤中残留时间过长,最终造成土壤环境恶化。进入土壤中的污染物会被作物的根系吸收,随着水分运转到植株内的其他部位,并在各个部位蓄积,然后不同的部位出现不同程度的超标,而且不同的污染物在植株内会发生不同的协同作用,使植株内的污染物不仅对作物生长造成影响,还能在农产品中蓄积残留,最终造成粮、菜等的污染。除此之外,环境污染物还有病原微生物和放射性污染物。环境中的主要污染物质及其排放源、排放途径和致害对象见表 1.1。

表 1.1 环境污染物的种类、排放源、排放途径及致害对象

环境污染物		排放源	排放途径	致害对象
大气污染物（无机污染物）	二氧化硫	燃烧含硫燃料的火力发电厂、石油加工厂、炼铁厂、有色金属冶炼厂	废气	小麦、大麦、大豆、棉花、梨等
	氟化氢	使用含氟原料的化工厂、冶炼厂和磷肥厂	废气	玉米、水稻、小麦等
	氯气	食盐电解工业以及制造农药、漂白粉、消毒剂、塑料、合成纤维等的工业企业	废气	大白菜、向日葵、烟草、芝麻、洋葱、棉花等
	臭氧	汽车尾气与工厂排放的氧化氮和碳氢化合物气体发生各种光化学反应而生成臭氧	废气	小麦、大麦、玉米、菜豆、菠菜、烟草、紫花苜蓿、番茄等
	二氧化氮	化石燃料的燃烧、汽车尾气	废气	玉米、小麦等
	煤烟粉尘	冶炼厂、钢铁厂、焦化厂等	废气	蔬菜、水果和粮食
重金属污染物（无机污染物）	镉（Cd）	镉矿、冶炼、电镀、电池、颜料、塑料稳定剂和涂料的废水、农用磷肥	大气沉降、废水、施用磷肥	大豆、玉米、水稻、蔬菜等
	汞（Hg）	燃煤、汞冶炼厂、汞制剂厂（仪表、电气、氯碱工业）	含汞废水	水稻、蔬菜等
	铬（Cr）	铬电镀企业	含铬废水、大气沉降	小麦、水稻、蔬菜等
	铅（Pb）	有色金属冶炼厂以及油漆、涂料、蓄电池生产企业	含铅废水、废弃物堆积	水稻、小麦、蔬菜等
	镍（Ni）	合金、金属加工、电镀、化工陶瓷和玻璃等行业的“三废”（废水、废渣、废气）	大气沉降、含镍废水	小麦、水稻、蔬菜等
	钴（Co）	矿藏开采、原子能工业企业	含钴废水、放射性物质	水稻、蔬菜等
	砷（As）	化工、冶金、炼焦、火力发电、造纸、玻璃、皮革等企业	农药、含砷废水、大气沉降	水稻、玉米、蔬菜等
	锌（Zn）	锌矿企业、工业“三废”	含锌废水、废弃物堆积	水稻、蔬菜等

续表

环境污染物		排放源	排放途径	致害对象
有机污染物	有机农药	杀虫剂、杀菌剂、除草剂等生产企业	施加农药	蔬菜、粮食、水果等
	多氯联苯	润滑材料、增塑剂、杀菌剂、热载体和变压器油等生产企业	废渣、废水等	小麦、玉米、蔬菜等
	苯并[*a*]芘	煤焦油，各类炭黑、沥青、塑料和煤的生产及焦化、炼油等过程	废气、废水	水生生物、水果、蔬菜和粮食
	酚类	生活垃圾、煤气、焦化、炼油、冶金、机械制造、玻璃、石油化工、木材纤维、化学有机合成、塑料、医药、农药、油漆等行业	废水	人体、农作物、鱼类等
	石油类	石油开采企业及运输、装卸、加工和使用过程	水体	鱼类、藻类
病原微生物		人畜粪便、灌溉污水及垃圾渗滤液等	堆肥、废水等	小麦、玉米、水稻等粮食作物及各种经济作物
放射性污染物		核试验，核能生产，放射性同位素的生产和应用，矿物的开采、冶炼和应用等	固体废渣、废气及废液	小麦、玉米、水稻等粮食作物及各种经济作物(有机污染物)

1.3 农业环境污染事故

依据《农业环境污染事故司法鉴定经济损失估算实施规范》(SF/Z JD0601001—2014)，农业环境污染事故是指由于单位或个人的故意、过失或不可抗拒的原因，使某种有害物质或能量进入农业生产区域，对农田土壤、农用水体、农区大气等农业生物所必需的生产环境正常状态或功能产生不良影响，引起农产品质量下降或导致农业生物受到明显伤害、减产、绝收的事件。环境污染事故是农业环境损害的重要诱发因素，其中以突发事件最为明显。突发事件是指违反有关生态环境保护法律法规的行为，以及意外因素的影响或不可抗拒的自然灾害等原因导致有毒有害物质在短时间内高剂量排放或泄漏，造成农业环境污染或生态破坏，导致农作物遭受损失，人畜健康受到危害，农村经济与人民财产受到损害，危害农业环境和农产品安全的事件。

随着工农业的迅速发展和城市化进程的加快，农业环境污染事故频繁发生。2023 年 8 月 22 日，日本政府举行内阁成员会议后宣布，将从 8 月 24 日启动福岛核污染水排海。根据计划，福岛核污染水的排海至少要持续 30 年。核污染水经过处理，依然含有较高浓度的放射性同位素，人类通过食用海产品，间接地摄取海水中的各种放射性同位素。实验证明，如果长期、大量食用放射性同位素污染的海产品，有可能使体内放射性物质积累超过允许量，引起慢性放射病等疾病，造成内分泌系统、神经系统等损伤。放射性氚排入海洋后，还会产生低强度的 β 射线，有可能长期影响鱼类、浮游生物、底栖生物、鸟类等生物的健康。

1.3.1　农业环境污染突发事件的特点

农业环境污染突发事件除具备一般突发性污染事件的紧迫性、公共性和危害性等特点外，往往还具有以下特点：

(1)污染物暴露剂量高，在短时间内造成急性伤害。历年统计资料显示，在农业环境损害中，由农业环境污染突发事件引起的往往占有相当比重。在实践中，自然灾害、恶劣天气、人为非正常操作、设备故障等生产隐患都可能造成工矿企业事故性排放。高浓度废气、废水、固体废弃物、农用化学品、化工原料和危险化学物品等进入农业环境后，会在短期内超出环境容量和阈值，直接导致农业生态环境崩溃，农业生产遭到破坏甚至毁灭性打击。突发性事件隐患主要集中在采矿、化工、建筑陶瓷、冶金、造纸等行业，以及污水存储池、处理厂等大型污染源周边，特点是突发性强、难以预测、危害大、灾后恢复难度大。

(2)隐患长期积累，诱致突发事件。在某些历史性采矿区、工业加工企业及老旧城区周边，往往有几十年甚至上百年的污染物排放历史，尽管现在基本都有污水处理措施，但历史污染仍然存在，排放的工业“三废”和城市垃圾等基本都含重金属或难降解有机物等污染物，难以根治，只能逐步缓解，因此历史遗留型污染事件仍将继续存在。同时，农作物、林木、禽畜、鱼类等对污染物都有富集作用，在生长过程中生物体内缓慢累积污染物，造成的污染危害和产生的污染损失常常具有一定的延迟性和隐蔽性。如农作物重金属含量超标，而农作物本身并不表现出明显的受害症状，但这并不表明农产品是安全的。

(3)灾后恢复难度大，治理成本高。工业废水或垃圾排入农区土壤后，重金属、持久性有机物等污染物性能稳定，很难在短时间内从土壤中消除，以现有的技术条件，尚不能完全有效地对污染土壤进行彻底治理，只有采取客土法更换耕种土壤，才能够彻底根除污染。一旦污染物渗入地下水，由于缺乏降解条件，不可能在短期内将污染物完全消除，从而将长期污染农村生活用水和农田灌溉水，治理难度极大。

(4)多种致害因素交织，单一因素贡献量化难。农业环境损害常与其他致害因素混杂在一起，不易确定污染环境和生态破坏伤害在总损害中所占份额。因此，准确计算农业环境损害事件的损害数额并判定责任份额分配比例难度很大。

1.3.2 农业环境损害事件调查评估

1.3.2.1 提出请求

依照规定的管辖范围，由受害人(或委托代理人)以口头或书面形式提出农业环境损害事件鉴定评估的请求，或者由主管部门、执法部门委托具有农业环境损害事件鉴定评估资质的部门处理。

受理人应填写《农业环境损害事件报告表》，报告表要说明的内容如下：

(1)事件发生的时间、地点，农业环境遭受损害的状况。

(2)初步判断的污染物来源、污染种类、污染途径。

(3)污染现场保护情况。

(4)事件相关的文字、照片、音像及其他资料。

(5)受理意见(不属本级管辖范围的事件应立即向同级人民政府和上一级农业农村部门报告，并做好协助工作)。

1.3.2.2 组成事件鉴定评估组

农业农村部门、执法部门在受理农业环境损害事件后，应委托有关单位成立事件鉴定评估小组。根据事件种类、事件等级、工作等级的不同来确定事件鉴定评估小组的人员组成。

工作等级为一级的污染事件(一般),鉴定评估小组由 3 人组成,设组长 1 人,小组应该包括农业农村、农业环保方面的专业人员。

工作等级为二级的污染事件(较大或重大),鉴定评估小组由 5 人组成,设组长、副组长各 1 人,小组应包括 2 名农业农村、农业环保方面的专业人员。

工作等级为三级的污染事件(重大或特大),鉴定评估小组应在 7 人或 7 人以上,设组长 1 人、副组长若干人,根据污染事件的不同需要,小组应该包括 5 名以上的农业农村、农业环保方面的专业人员。

1.3.2.3 收集证据

收集与污染事件有关的各种证据(污染源、污染物排放、农事活动、受害状况等),包括书证、物证、视听资料、证人证言、当事人陈述、现场笔录等。笔录要表述清楚,定量准确,如实记录;各种证据均需要提供单位(人)的公章和签字。

1.3.2.4 调查受害情况

(1)受害区域受害规律的宏观判别。采用目测和踏查相结合的办法,观察整个受害区域受害作物的田间分布类型,重点观察受害作物的分布规律。

受害界面明显的,则根据受害程度划分地块(水面),以地块(水面)为单位进行调查;受害界面不明显的,要详细了解受害情况与各户主农事活动有无关系。

(2)受害生物调查。采用踏查的方法进行,根据具体情况,可把受害程度分为 3 个或 5 个等级。

3 个等级的分类方法:重度受害(受害生物数 70%以上)、中度受害(受害生物数 30%～70%)、轻度受害(受害生物数 30%以下)。

5 个等级的分类方法:严重受害(受害生物数 80%以上)、重度受害(受害生物数 60%～80%)、中度受害(受害生物数 40%～60%)、轻度受害(受害生物数 20%～40%)、轻微受害(受害生物数 20%以下)。

受害生物以能辨别出受害症状为标准。

当受害面积在 1.5 hm^2以下,受害户在 10 户以下时,采用 3 个等级的分类方法;当受害面积在 1.5 hm^2以上或受害户在 10 户以上时,一般应采用 5 个等级的分类方法(水产、畜禽按类似原则划分)。

每一等级各调查 3 个地块，对受害区域的所有生物，包括野生的生物都要进行调查，记录受害与未受害的生物种类。

(3)受害部位和症状调查。选择受害程度重、症状典型的地块(水面)，随机选取若干受害生物样品，观察其受害的部位和受害症状。

植物类样品要重点观察根、茎、叶、花、果实等部位。

畜禽类样品主要观察其外表特征、习性变化、五官和内脏，辨别受害部位及症状。

(4)地貌特征和气象特征。应查明事件区域的地貌特征(山地、平原、沟谷、丘陵)和事件发生时的气象特征(如降雨、降雪、降雹、寒潮、大风等)。

1.3.2.5 调查污染源

(1)调查受害区域污染源(点污染源、面污染源、固定污染源和流动污染源)基本情况。调查污染源的种类、分布、排放时间，污染物处理情况；对于由工业污染源造成的污染事件，还应收集企业的环境影响评价资料和其他相关资料。

(2)污染途径分析(污染物到达受体的可能路线)。选择受害较重地块(水面)，用目测法和询问法进行调查。

①目测法：仔细观察周围地区的地形、地貌、水文、气象等环境特征，观察污染物进入受害区域的途径和方式。污染物迁移、扩散、转化规律，受害区域的自然规律，受害生物的生活习性是判断污染途径的主要因素。

②询问法：询问排污单位和受害户，进行证实，进一步分析因果关系。

1.3.2.6 污染现场采样和监测分析

(1)污染现场布点采样。针对不同类型的污染事件，分别采集气、水、土壤及被污染物等样品并及时进行监测。

对农区环境空气、农用水源、农田土壤、农畜水产品的监测布点采样方法按 NY/T 395—2012、NY/T 396—2000、NY/T 397—2000 和 NY/T 398—2000 标准执行。

(2)样品的监测分析。对农区环境空气、农用水源、农田土壤、农畜水产品的监测项目、监测数量、分析方法、质量控制、数理统计、结果评价按 GB 3095—

2012、GB 16297—1996、GB 5084—2021、GB 8978—1996、GB 11607—1989、GB 4284—2018、GB 15618—2018、NY/T 395—2012、NY/T 396—2000、NY/T 397—2000、NY/T 398—2000、GB 16297—1996、GB/T 16157—1996、GB 5749—2022 和 GB 3838—2002 标准执行。

1.3.2.7　生物模拟实验验证

如果现场采样分析不能重现生物受害时的污染物排放状况，则需要进行生物模拟实验。

模拟实验分为定性、定量实验。当污染事件鉴定评估中需要短时间形成鉴定意见，或者污染诊断只需要确定污染物排放与生物受害存在因果关系时，应当进行简单的定性生物模拟实验；当污染事件复杂，需要对污染物造成生物损伤的机理进行确定时，应当进行定量生物模拟实验。

定性、定量实验的方法：进行定性生物模拟实验时，应当采用指示性生物物种或比较敏感的生物物种，首先选用发芽实验等简单的模拟实验；进行定量生物模拟实验时，采用受害的生物物种直接进行模拟实验。

生物模拟实验按其规模大小可分为室内培养实验、室外实验。无论哪一种实验都要设对照组，要针对可疑的致害物质设 3 个以上的处理实验，而且实验生物的管理和各种条件要尽可能地与受害生物的条件保持一致。

1.3.2.8　因果关系分析

1)注意问题

农业环境损害事件可以由单一的污染物引起，也可以由数种不同的污染物引起。要注重污染物的种类、数量及它们之间的关系。

多种污染物排放到农业环境中后，它们之间以及它们与各种环境要素之间会发生化学、物理、生物的反应和作用，在确定因果关系时，要注重毒理与病理、扩散情况、活性增减情况、生物降解与积累情况、相加作用、加强作用、协同作用、拮抗作用的变化。

慢性环境污染事件由于危害后果和污染行为相隔时间长，要注重分析生物和环境的自然可变性，污染物组成、强度、持续时间的可变性，污染物在环境中的时空分布和生物受体规模间的一致性，污染物在传输过程中的数量、形态变化等情况。

2）资料准备

（1）基础资料：指污染物的背景资料，包括污染物的物理、化学性质，环境行为，毒性数据等。

（2）必备资料：污染源特性（包括污染源种类，污染物释放速率、数量、频率、周期、位置，污染物存在形态）及污染区域环境资料（包括污染物所进入的环境的介质、特性，周围环境生物的种类、空间分布等）。

（3）参考资料：进行文献调研，了解国内外同类事件的研究情况。

（4）证据收集：收集事件鉴定评估过程中所需的全部证据。

3）污染途径分析

仔细观察周围地区的地形、地貌、水文、气象等环境特征，为分析污染物的传输途径、距离及分布范围提供环境依据。

4）因果关系判断

进行科学分析，作出因果关系的判断（包括污染物的真实性和危害性认定、环境特征和传输污染物的可能性认定、受害生物分布和受害症状的专一性认定、污染物排放与生物伤害后果在时间和空间上的同一性认定）。

1.3.2.9 农业环境损害损失估算

方法一：对于可恢复的农业环境损害，以直接损失、间接损失、恢复费用来计算。对于一级、二级污染事件，在做损失估算时一般只计算直接损失；对于三级污染事件，在做损失估算时，除直接损失外还应考虑间接损失和恢复费用。

污染损失＝直接损失＋间接损失＋恢复费用

方法二：对于不可恢复的农业环境损害，以财产损失、资源环境损失、健康损失来计算。

污染损失＝财产损失＋资源环境损失＋健康损失

农作物调查减产幅度采用田间测产的方法进行。

如果是在离收获期较近时发生的事件，可直接进行田间测产，选每种受害程度的地块 3～5 块，同时选与受害地块土壤、作物、品种、田间管理一样或基本一样的未受害的地块3～5块，作为对照组。在每一地块中进行3～5点取样，每点取单行10株（对于玉米等大型植株，如受害造成了严重的缺苗断垄，以单行2 m进行取样），或进行双行1 m长取样（小麦等小型植株），实测穗数、穗粒数和千粒重，其中穗粒数可随机选10穗进行统计计算，然后与对照组比较，计算减产幅度。对于大型植株，也可直接称量净穗重，与对照组比较，计算减产幅度。

如果作物在生长前期受害，要在技术人员的指导下，采取加强管理或毁种的补救措施。对于采取加强管理措施的地块，可以用受害程度估算减产幅度，也可在收获时，采用上述方法进行田间测产，但在计算减产幅度时，必须把农民采取加强管理措施的物力、人力投入扣除。对于毁种的地块，毁种后有较好收成的（正常收成的60%以上），按减产幅度70%计算；毁种后收成不好的（正常收成的60%以下），按绝产对待。对于受害的牲畜，可以受害头数、匹数为基准；对桑蚕、水产类受害生物，以实际损失数量或根据面积（以亩计）估算来确定受损数量。

1.3.3　现场应急处置

面对农业环境污染突发事件，现场监测人员需要考虑采用何种技术、何种手段才能迅速、准确地判断污染物的种类，农业环境污染突发事件应急处置流程见图1.1。首先，可依照事件的性质（爆炸、火灾、泄漏、非正常排放等）、现场情况（危险源资料，污染物气味、颜色，人和动植物的中毒反应等）进行初步判断，如突发环境事件对环境（或健康）的危险程度，可能导致的伤害或疾病、财产损失、环境破坏或这些情况组合的状态。其次，在确定污染物种类的基础上确定特征污染物。污染物的确定可利用检测试纸、快速检测管、便携式检测仪、空气自动监测站、水质自动监测站等分析设备。最后，快速采集样品，送至实验室分析。有时，这几种方法可同时使用，并结合平时工作的经验，经过综合分析给出合理的鉴定意见。可以说，这一流程的每个环节都离不开应急监测仪器与设备的支持。

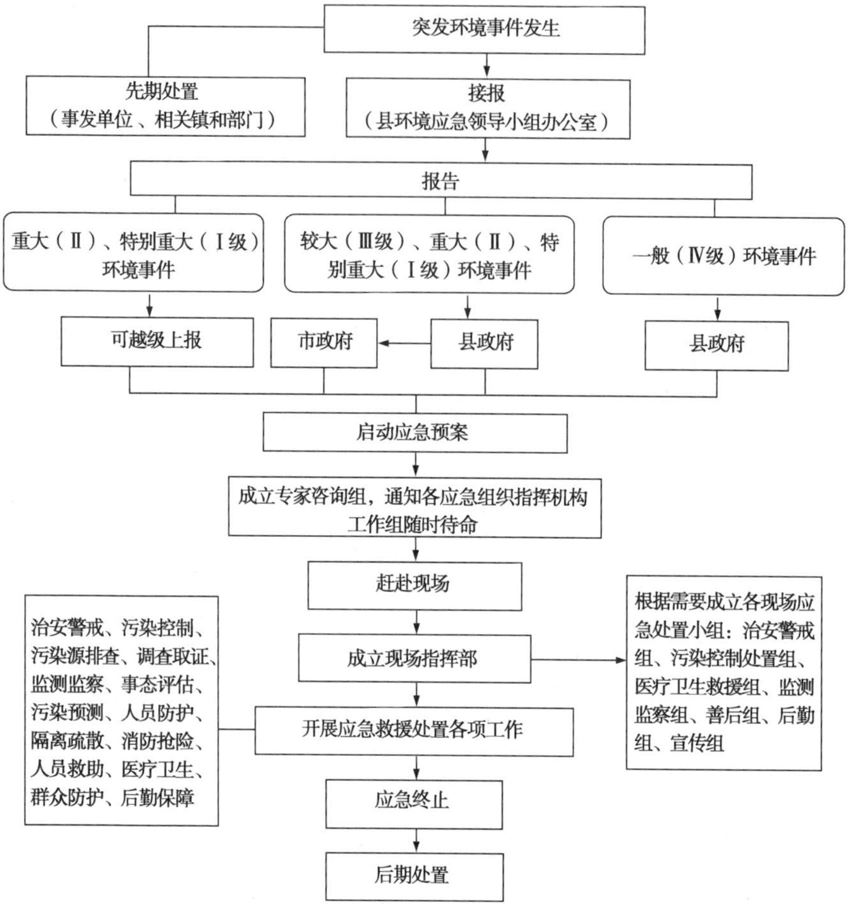

图 1.1　农业环境突发污染事件应急处置流程

1.3.3.1　应急仪器与设备的研发进展

国外的应急监测仪器种类繁多，有快速检测管、现场检测箱和便携式（或车载）监测仪等。应急监测早期使用的产品有检测管和检测箱等，随着应急监测技术的发展及对其重视程度的不断加深，目前大部分国家已进入便携式（或车载）监测仪器的发展阶段。发达国家生产的现场检测设备具备体积小、质量轻、分析速度快、操作简便等优点，其性能指标接近或已达到实验室台式分析仪器的水平，而对能源和溶剂的消耗却大大减少。现场分析仪器实现了对污染源的连续监控，使区域环境污染的网络监测成为可能。目前，国外利用便携式仪器对环境常规污染项目如一氧化碳（CO）、一氧化氮（NO）、化学需氧量（COD）等进行监测的方法早已成熟，便携式气相色谱仪（GC）、车载气质联用仪(GC-MS)作为现场分析仪器也已使用多年,最近又出现了检测声表面波(SAW)的“电子鼻”,它与快速色谱技术联用,可以对气体样品进行快速的采集和分析。另外,实验室的样品前处理设备也正趋于小型化,并用于野外分析。实践中有研究者使用超临界萃取仪现场萃取了土壤中的多环芳烃(PAHs),其提取效率可达索式萃取的80%;也有人使用同样的方法在野外对土壤样品进行了前处理,并用便携式气相色谱仪测定了其中的多氯联苯和PAHs,现场分析结果与实验室经典分析方法所得结果相一致。国外应急监测仪器发展的另一个热点是生物技术的应用,分析界认为单芯片免疫法、DNA单芯片分析和单细胞生物传感等技术具有很好的应用前景。有研究人员使用免疫层析试纸条技术测定了水中的莠去津,测定时间仅为10 min,莠去津的检测限可达10 g/L。此外,也有研究人员使用免疫层析试纸条技术在野外半定量测定了土壤中的PAHs,确认该方法是一种可靠的筛选技术。

1.3.3.2 国内应急监测现状

我国的应急监测技术起步较晚,与发达国家相比还有一定差距。目前,我国大多数的监测单位还是以使用实验室仪器和快速检测管进行应急监测为主。快速检测管的优点是造价低、操作安全、可以快速地实现环境污染物的测定;但是也存在一定的缺点,即所能测定的污染物种类有限,而且通常仅限于测定一些常规分析项目,如CO、NO等,另外快速检测管主要用于定性分析,通常较难达到理想的定量精度。另外,国内有些监测单位为更好地实现应急监测也引进了一些单项快速测定仪。这些仪器大多是通过特定传感器进行测定分析的,如德国德尔格公司的气体检测仪、美国华瑞科学仪器公司的挥发性有机物测定仪、美国哈希公司的便携式水质快速分析仪等。我国部分环境监测单位已装备了便携式GC和车载GC-MS,便携式GC可以有效进行环境中有机污染物的成分分析,是应急监测中不可缺少的工具。常见应急监测设备信息见表1.2。

表 1.2 常见应急监测设备信息

类别	名称	用途
样品采集器与水文气象检测仪	等比例水质采样器	采集水样
	酸雨采样器	采集酸雨
	水文气象检测仪	测定部分水文气象参数
	多普勒流量计	测定气体、液体流量
大气、水质、土壤、固体废弃物等的常规参数现场检测设备	水和气体检测管(直接检测管和吸附检测管)	对水质、气体定性、定量现场快速检测
	单项目或多项目气体检测器	检测气体的常规参数
	袖珍式爆炸和有毒有害气体检测器	对特殊气体如一氧化碳、氮气、二氧化硫、甲烷、苯系物等的现场检测
	单项目或多项目水质检测器(便携式水质分析箱)	可以现场检测 60 多种水质项目
	便携式离子计	对水质常规参数如酸度、浊度、色度等的检测
	便携式紫外-可见分光光谱仪	水质、大气、土壤中需使用分光光度法进行检测的项目
	便携式 X 射线荧光光谱仪	土壤、固废重金属现场污染调查
特征参数的高性能检测设备	便携式离子色谱仪	野外或实验室常规阴离子、弱阴离子,一价、二价阳离子和部分重金属的检测
	便携式阳极扫描伏安计(ASV)	检测水中部分阳离子
	便携式气相色谱仪	野外现场检测大部分有机污染物
	车载 GC-MS	野外现场检测大部分有机污染物
	便携式或开放通道傅里叶变换红外光谱仪(FTIR)	野外现场和流动测定部分有机污染物和某些大气中的污染物
其他设备与个人防护设备	光化学烟雾检测系统	检测大气中的光化学烟雾
	辐射仪	对放射性物质的检测
	流动监测车	用于仪器设备的运输、作为流动实验室场地
	防护衣帽等	人员防护

依据《突发环境事件应急监测技术规范》(HJ 589—2021),突发环境事件应急监测包括污染态势初步判断和跟踪监测两个阶段。根据污染态势初步判断结果,编制应急监测方案。应急监测方案应包括但不限于突发环境事件概况、监测布点及距事发地距离、监测断面(点位)经纬度及示意图、监测频

次、监测项目、监测方法、评价标准或要求、质量保证和质量控制、数据报送要求、人员分工及联系方式、安全防护等方面内容。应急监测应当优先选择特征污染物和主要污染因子作为监测项目，根据污染事件的性质和环境污染状况确认在环境中积累较多、对环境危害较大、影响范围广、毒性较强的污染物，或者为污染事件对环境造成严重不良影响的特定项目，并根据污染物性质（自然性、扩散性或活性、毒性、可持续性、生物可降解性或积累性、潜在毒性）及污染趋势，按可行性原则（尽量有监测方法、评价标准或要求）进行确定。为迅速查明突发环境事件污染物的种类（或名称）、污染程度和范围以及污染发展趋势，在已有调查资料的基础上，充分利用现场快速监测方法和实验室现有的分析方法进行鉴别、确认。可采用检测试纸、快速检测管、便携式监测设备、移动监测设备（车载式、无人机、无人船）及遥感等多手段监测技术方法，现有的空气自动监测站、水质自动监测站和污染源在线监测系统等在用的监测方法，现行实验室分析方法。当上述分析方法不能满足要求时，可根据各地具体情况和仪器设备条件，选用其他适宜的方法。应急监测结束后，应当编制报告。应急监测报告结构和内容总体上分为事件基本情况、监测工作开展情况、监测结论和建议以及监测报告附件等 4 个部分。事件基本情况概述事发时间、事发地点、起因、事件性质、截至报告时的事态、已采取的处置措施以及可能受影响的敏感目标等。监测工作开展情况主要包括应急监测的行动过程和监测工作内容。监测结论和建议主要包括截至当期报告编制时特征污染物和主要污染因子在各点位的分布特征，并结合其他信息分析污染团可能的位置和范围，预测污染扩散趋势和对敏感目标的影响等。

农业环境是整体环境的重要组成部分，主要包括土地、森林、草原、水资源、空气等，具有广泛性、整体性、区域性的特点，是农业的基本物质条件。当前，我国农业环境的两个突出问题是生态破坏和环境污染。农业资源日渐消耗，自然灾害频发，水土流失、土地沙漠化、土壤次生盐渍化等问题层出不穷。农业环境遭到不同程度的破坏，已成为农业发展的制约因素。现有农田、牧场受工业“三废”污染越来越严重。农药的大量施用与不当施药，均会造成土壤、水体不同程度的污染和农畜产品有害物质的残留；施用化肥过量或方法方式不合理，易造成蔬菜作物、地下水的硝酸盐积累和水体富营养化现象。农业环境污染会导致土壤生态系统功能紊乱，从而造成农产品质量下降、减产以及绝收，最终危害人体健康。农业环境破坏还会降低农业环境的生产力及抗御自然灾害的能力，而且会对气候产生不利的影响，导致旱涝灾害频繁发生，进而危害农业生产和人民生命财产安全。因此，农业环境损害是一种连锁性损害，不能把它当作一个单独的孤立破坏性事件，大大小小的农业环境损害事件会对我国的粮食安全、农田土壤持续利用构成严重威胁。

我国是农业大国，农业环境不仅关系到农业自身的发展，也会对社会整体发展产生重要影响。本质上而言，农业环境问题就是社会发展问题。要树立保护生态环境就是保护生产力的观念，注重遏制与解决日益凸显的环境问题。因此，要加强农业农村生态环境保护工作。农业生态环境保护就是利用法律的、经济的、技术的各种手段，使农业生态环境质量和生态状况维持良好的状态，防止其遭受污染和生态破坏。农业环境损害是农业环境受到不利影响后的集中表现。对于受损的农业环境，识别、诊断、鉴定、评估、修复是保护的具体环节，是推进农业农村高质量发展的重要组成部分。

第 2 章　农业生态环境损害鉴定评估

【内容提要】 农业生态环境损害鉴定评估是定分止争、损害赔偿的重要技术环节，对于责任人认定、损害赔偿、纠纷化解、打击环境犯罪等具有重要意义。本章在介绍农业生态环境损害鉴定评估历史渊源的基础上，概述了损害确认、因果关系鉴定、损失评估等关键环节的内容和技术要点，在对国内外现有标准进行综述后，提出了由基础标准、技术导则、技术规范、污染物限量、损害评估等组成的我国农业生态环境损害鉴定评估标准体系的理论框架，能够帮助本书的使用人员认识到农业生态环境损害鉴定评估工作的重要性，以及农业环境损害学未来的广阔发展前景。

2.1　历史渊源

农业生态环境损害鉴定评估最早源于农业环境污染事故调查处理，具体工作可追溯至 1973 年。1972 年 6 月 5 日至 16 日联合国人类环境会议在瑞典斯德哥尔摩召开，世界各国开始共同研究解决环境问题。会议通过了《联合国人类环境会议宣言》（简称《人类环境宣言》），确立了人类对环境问题的共同看法和原则。随后，我国开始重视环境保护问题。1973 年，针对农业生产中的农药、化肥施用，专门提出要注意其对农业生产的环境风险。1979 年，《中华人民共和国环境保护法（试行）》颁布，将涉农污染事故调查处理的职能赋予农业主管部门。随后，《中华人民共和国农业法》《中华人民共和国土壤污染防治法》等法律规范的颁布，赋予了农业农村行政主管部门农业污染事故处理职能，调查的主要技术要点是损害识别、基线确定、因果关系鉴定和损失评估。

自1979年《中华人民共和国环境保护法（试行）》实施以来，我国在农业生态环境损害鉴定评估技术研究和典型事故处理方面积极开展相关工作，在此基础上，初步构建了符合我国国情与实际情况的环境污染损害鉴定评估机制，在法律规范、技术体系、组织管理等方面取得了初步进展，对建立与健全生态环境保护责任追究制度和环境损害赔偿制度等方面具有重大意义。但从环境损害赔偿实践需要来看，现阶段的鉴定评估机制仍存在一定的缺陷和不足，需要在实践中总结经验，并进一步改进和完善。

2.2 类别内容

农业生态环境损害鉴定评估是指在法律规定的范围内，获批环境损害鉴定评估资质的组织，依照法定程序组织有关环境技术专家，运用环境技术等科学知识和技术，对有关环境损害专门性问题进行检验、鉴别、判断并提出鉴定意见的活动。依据《生态环境损害赔偿管理规定》，生态环境损害赔偿范围包括：①生态环境受到损害至修复完成期间服务功能丧失导致的损失；②生态环境功能永久性损害造成的损失；③生态环境损害调查、鉴定评估等费用；④清除污染、修复生态环境费用；⑤防止损害的发生和扩大所支出的合理费用。其中，除鉴定评估费用外，其他费用都需要通过鉴定评估来确定。

根据农业环境损害鉴定对象和其构成、特征以及相关关系，结合农业环境损害司法鉴定评估实践经验，农业生态环境损害鉴定评估应包括以下事项：地表灌溉水和沉积物环境损害鉴定，主要包括因环境污染或生态破坏造成的河流、湖泊、水库等地表水资源和沉积物生态环境损害的鉴定；农区空气污染环境损害鉴定，主要包括污染物质排放或泄漏造成的农区环境空气损害的鉴定；农用地土壤与地下水环境损害鉴定，主要包括因环境污染或生态破坏造成的农田、矿区、居住和工矿企业用地等土壤与地下水资源及生态环境损害的鉴定；农业生态系统环境损害鉴定，主要包括对农作物、微生物及其周围环境组成的生态系统造成的生物资源与生态系统服务损害的鉴定；其他农业环境损害鉴定，主要包括由噪声、振动、光、热、电磁辐射、核辐射等污染造成的环境损害鉴定。以上五大类农业环境损害司法鉴定项目基本涵盖了农业环境破坏和污染导致的生态环境损害。

2.2.1 损害确认

农业环境损害确认是指在农业环境损害事件发生后，经过现场取证、检测工作、分析判断，对农业生物及其所处的农业环境的当前状况进行鉴定，可以概括为对农业生物及相关农业环境进行鉴定。

首先，对受损害的农业生物进行鉴定。具体包括农业生物种类、数量、产量、质量、影响面积、受损害程度以及受损害的症状等。涉及农产品的，还需对农产品进行质量安全检查，检测农产品的各项指标，探究农产品是否还能食用，相关重金属等污染物是否超标，超标多少，以确保农产品质量符合保障人类健康、安全的要求。

其次，对污染损害周边农业环境的程度进行鉴定。明确主要污染源、污染途径、污染因子、受损指标，以及污染和损害的分布、范围、面积和程度，为后续因果关系鉴定或损失评估提供依据。其中包括对涉案企业的基本情况（企业性质、所在地的地理位置、水文气象条件等）、原辅材料（原料来源、燃料堆放场）、生产工艺流程、生产布局（生产车间、办公地点）、排污情况（污染源类别、产量、排污位置、排放方式、排放浓度、排放至外环境的持续时间以及污染物控制情况等）等的调查。

2.2.2 因果关系鉴定

因果关系鉴定即确认污染物或污染行为与农业生物和土壤受害之间是否存在因果关系的鉴定。环境污染的特点增加了环境污染因果关系鉴定的难度：间接性使鉴定丧失了第一现场，不能及时获取第一手鉴定检材；复合性增加了鉴定判断难度，造成鉴定结果的不确定性；隐蔽性增加了鉴定难度、延长了鉴定时间。上述特点，使鉴定证据的获得“非动用高深之科学技术及人员，经历长久和大范围的观察，不足以确认是否具有因果关系”。

因果关系鉴定是在厘清环境污染物理化性质的基础上，了解受损对象的受损状况，探查污染源的污染损害途径，具体包括查明污染物迁移、扩散以及转化规律，受害区域自然规律，受害生物的生活习性，明确污染物转化后的可能物质、污染物累积程度、主要扩散去向等。分析受损情况可能的致损原因，其中农业生产管理因素不容忽视，具体包括农药与化肥的施用剂量、方式、时间，农业垃圾产生量及其处置方式。最终，通过检验、检测、勘察、勘验等方法进行证实或排除。确认了致损原因，即可确认环境污染物或污染行为与损害结果之间是否存在因果关系。

2.2.3 损失评估

一般情况下，因农业环境损害造成的损失评估主要指的是直接经济损失，其具体内容主要包括以下两个步骤。

2.2.3.1 确认损失类别

明确农作物受害面积、减产幅度、公顷产量损失，畜禽产品损失，水产品损失，农畜水产品品质下降或污染物超标损失情况。

2.2.3.2 选择评估方法

常见的评估方法有直接市场法、替代市场法、模拟市场法和非市场法(见表 2.1)。

表 2.1 常见评估方法优点、误差及缺点

分类	评估方法	优点	误差及缺点
直接市场法	费用支出法	农业资源环境价值可以得到较为粗略的量化	哪些生态环境功能具有经济价值，其经济价值如何统计等，现实中不易评估
	直接市场价值法	评估比较客观，争议较少，可信度较高	市场价格波动相对较大
	生产率法	能够较为准确、直观地反映农业环境损失，可信度较高	没有依赖农业环境变化的可通过市场价格衡量的农产品时，无法使用此种方法

续表

分类	评估方法	优点	误差及缺点
直接市场法	机会成本法	适合于对一些具有唯一特性的农业生物及资源受环境污染造成的损失评估，可信度较高	当某种农业资源配置或利用的单位机会成本会随着市场行情不断变动时，很难得出具有说服力的数据
	恢复和防护费用法	可通过生态恢复费用或保护费用量化农业环境的价值	评估结果为最低的农业环境价值；该方法操作难度大，尤其是修复费用高，修复方法多，推荐的修复方法不一定有效，估算难度大，很容易高估或低估
	影子工程法	可以将难以直接估算的农业环境价值用替代工程成本来表示	替代工程非唯一性，替代工程时间性、空间性差异大
	人力资本法	可以对难以量化的人体生命健康价值进行量化	违背伦理道德，存在效益归属问题，理论上尚存缺陷
替代市场法	旅行费用法	可以核算农业环境的使用价值，可以评估无市场价格的农业生态环境价值	不能核算农业环境的非使用价值，可信度低于直接市场法
	享乐价格法	通过侧面的比较分析可以求出农业生态环境的价值	主观性强，受其他因素的影响较大，可信度低于直接市场法
模拟市场法	条件价值法	适用于缺乏市场和替代市场产品的农业环境价值评估，能评价农业生态环境系统各种服务功能的经济价值，适用于非实用价值占较大比重的独特景观和文物古迹价值的评价	实际评估结果常出现重大的偏差，调查结果的准确与否很大程度上依赖于调查方案的设计和被调查的对象等诸多因素，可信度低于替代市场法
非市场法	专家评判法	适用于受污染农业生物或农业环境属稀有、异常资源，其经济价值高低不主要取决于成本，难以通过成本法、市场法等方法直接评估	适用专家评判法时，专家的专业水平和权威性、专家的心理状态、专家对特定污染事故的兴趣、鉴定人员对专家的引导等，都可能影响评估结论的准确性
	类比法	适用于存在相同或相似已发生的农业环境污染事故，并且由具有资质的评估机构承担农业生物或环境损失估算鉴定，其评估意见已被人民法院和政府有关部门采信	现实中可获取的类比案例较少，早期案例受估算技术成熟度等影响，可参考性不高

2.2.3.3 损失评估

农业环境损害涉及的损失包括直接经济损失、间接经济损失、农业环境损失，其中直接经济损失包括农业生物死亡损失、产量损失、品质下降损失；间接经济损失包括设施损失、处置费用、纠纷解决费用；农业环境损失本属直接经济损失范畴，但鉴于其在农业环境污染事故经济损失核算中的特殊性，故将其单列为一种经济损失类型。农业生物及农业环境损失评估的方法主要有生产率法、机会成本法、重置成本法、直接市场价值法、替代价值法（适用于生态环境损失估算）、防护支出法、支付意愿法、专家评判法等（见表 2.1）。这些方法适用于不同类型损失的估算，有各自的适用范围和误差。农产品损失根据当时当地同类产品的市场价格及作物品质确定。例如，某县某时发生一起农业环境损害事件，农作物受害，叶片症状表现为白色、枯死。经当地环保部门现场核实确认，此环境污染事件系附近工厂排放的工业污水所致。各方实地察看确认了污染源类别，农作物受害品种、面积，并详细作出记录。其中，受害作物有三种，为辣椒、鲜食玉米、制种玉米；受害面积依次为0.08 hm^2、0.13 hm^2、0.53 hm^2。经涉案双方协商一致，厂方愿意承担赔偿责任，并按照三种作物当地市场价格核算后对当地农户作出赔偿。某些情况下，除直接经济损失外，还会产生间接经济损失。彼时，鉴定机构会根据委托方的具体要求，进行间接经济损失的估算。农业环境污染损害涉及的间接经济损失较多，如土壤养分流失、水分流失的估算，耕地恢复费用损失估算或其他可能造成的损失等。另外，需了解受害区域在受到污染前三年的农业生物种养殖面积、平均产量、产量超标率，以及污染发生时受害农业生物产量和农业生物平均销售价格等。

根据《环境损害鉴定评估推荐方法（第Ⅱ版）》，环境损害鉴定评估是指鉴定评估机构按照规定的程序和方法，综合运用科学技术和专业知识，评估污染环境或破坏生态行为所致环境损害的范围和程度，判定污染环境或破坏生态行为与环境损害间的因果关系，确定生态环境恢复至基线状态并补偿期间损害的恢复措施，量化环境损害数额的过程。

2.3　鉴定标准

2.3.1　国际标准概述

2.3.1.1　美国

美国与农业生态环境损害鉴定评估有关的技术规范主要有《自然资源损害评估技术指南》《自然资源损害评估与恢复手册》《生态风险评估导则》,以及针对美国五大湖区域的环境损害评估模型(NRDAM/GLE)等。其中,《生态风险评估导则》提出了风险和损害鉴定评价的流程和主要技术环节:

(1)制订计划,根据评价内容的性质、生态现状和环境要求提出评价的目标和评价重点。

(2)风险识别,判断分析可能存在的危害及其范围。

(3)暴露评价和生态影响表征,分析影响因素的特征及其对生态环境各要素的影响程度和范围。

(4)结果表征,对评价过程得出结论。

这些标准规范了对土地、农作物、渔业生物、湿地等自然资源损害鉴定评估的技术方法,内容涉及现场勘察监测、模型模拟、实验分析等技术,涵盖污染物运移扩散模拟、敏感受体暴露途径和毒性分析、物理损害结果量化、污染修复与生态恢复方案设计、资源环境损害经济评估等内容,还规定了工作程序、评估内容、评估范围等。

2.3.1.2　欧盟

欧盟委员会制定了《预防和补救环境损害的环境责任指令》(以下简称《指令》),将环境损害概括为生物多样性损害和场地污染损害,对适用范围、例外规定、责任构成和承担、补救行动的采取、费用的分担等进行了详细的规定。《指令》推荐在评估环境损害和选择适合修复项目时,采用资源等值法(REM),该法包括初始评估、损害量化、量化增益、补充和补偿性修复措施、监测和报告等五个阶段。相关人员开展了《指令》框架下资源等值分析技术在环境损害评估中应用(REMEDE)研究,推出了等值分析工具包(Toolkit),提供了应用资源等值的基本步骤、数据来源以及作出重要分析决策的基本准则。

2.3.2 国内标准概述

2016 年,环境损害司法鉴定作为第四类司法鉴定纳入全国司法鉴定统一登记管理。2018 年 6 月,《环境损害司法鉴定机构登记评审细则》颁布实施,环境损害司法鉴定规范化建设进入快车道。农业环境损害司法鉴定作为环境损害司法鉴定的重要组成部分,起步较早,2006 年以来,在农业农村部、司法部、国标委等部委支持下,先后出台了数项技术标准,主要介绍以下几项。

《渔业污染事故经济损失计算方法》(GB/T 21678—2018),针对渔业水域受外源污染导致天然渔业资源、渔业养殖生物和渔业生产受损害造成的经济损失评估,规定了渔业污染事故经济损失计算方法。《农业环境污染损害鉴定技术导则》(NY/T 3025—2016),对农业环境污染事故或突发事件引起的因果关系进行鉴定和损失评估,规定了鉴定原则、程序、资料收集、现场调查、因果关系鉴定及损失评估。《农业环境污染事故司法鉴定经济损失估算实施规范》(SF/Z JD0601001—2014),对因果关系已经确定情形下的经济损失进行评估,规定了农业环境污染事故引起的农业生物、农业环境及其他财产损失的估算范围、估算程序、估算方法、误差分析与控制。《农业环境污染损害司法鉴定操作技术规范》(SF/Z JD0606001—2018),规定了农业环境污染损害司法鉴定的原则、程序、内容及技术要求,适用于农业环境污染损害事件引起的因果关系鉴定和损失评估。《农作物污染司法鉴定调查技术规范》(SF/Z JD0606002—2018),规定了农作物污染司法鉴定的调查原则、程序、方法、内容及技术要求,适用于工农业生产中污染物排放引起的农作物污染因果关系鉴定和损失评估。《农业环境损害鉴定调查技术规范》(NY/T 3665—2020),规定了调查原则、调查范围、调查方法、调查程序、排除性调查、环境损害调查、质量控制、报告书编制等内容,适用于环境污染、生态破坏导致的农业生物损害、农用地土壤等环境要素损害以及农业生态系统损害的鉴定调查。

20 世纪 70 年代以来,美国、加拿大、英国、日本等国家在制定环境保护相关法律法规时,与之配套的环境标准体系也逐步建立。与环境损害有关的技术规范多侧重于污染溯源、损害评估和损失计算,精准化程度较高,但缺乏精细化分类，针对性不强，可能与环境损害事件类型与发生频率有关，也与不同司法体制下事实认定的差异有关。国内技术规范尚处于起步阶段，受技术不确定性与损害复杂性所限，技术标准导则性质的居多，多限于原则、程序、框架性技术要点，缺乏总体设计，行业分类还不细致，技术规定的细致化、精细化程度不高。随着诉讼中日益增长的专业性问题规范化解决的需求和鉴定技术差异化过大、细致化过低矛盾的凸显，研制可供鉴定人员操作的统一性技术流程、技术方法和技术要点，已经成为环境损害司法鉴定的重大需求。

2.3.3　标准体系定位与范围

农业生态环境损害鉴定评估标准体系是环境损害司法鉴定标准体系的重要组成部分，覆盖环境污染与生态破坏引起的农业生物和农业环境损害因果关系鉴定和损失评估鉴定。农业生物包括种植业生物、畜牧业生物、水生生物，农业环境包括农区大气、灌溉水体、农田土壤等。技术内容涉及农业生物全生命周期，如农作物的苗期、花期、生长期、成熟期等。

此标准体系要处理好与农业资源环境标准体系、环境管理标准体系的关系，避免重复，减少交叉。修复治理、环境应急等业务性、专业性、行政执法性的内容，以及与司法鉴定不密切的技术规定和要求，需纳入各专业标准体系。

2.3.4　标准体系框架

以鉴定技术需求为抓手，建立一个以损害受体、致害路径为维度，农用地土壤、灌溉水体、农区大气、农业生物、水生生物、畜牧生物为对象的标准体系。在鉴定流程上，涵盖现场调查、现场监测、样点布设与样品采集、鉴定材料收集与审查、因果关系判定、质量控制等。污染物限量方面，包括农产品、畜禽产品、水产品、农用地土壤、农区大气、灌溉水体等污染物最高允许限量。损失评估方面，包括农田土壤、农区大气、灌溉水体等损害调查，农业生物、水生生物、畜牧生物等损失评估。症状诊断方面，涵盖农作物、畜禽生物、水生生物不同生长阶段受害症状诊断，如玉米苗期、拔节期、抽雄期、开花期、吐丝期、成熟期等症状诊断。标准体系由基础标准、技术导则、技术规范、污染物限量、损害评估组成,标准体系框架如图 2.1 所示。

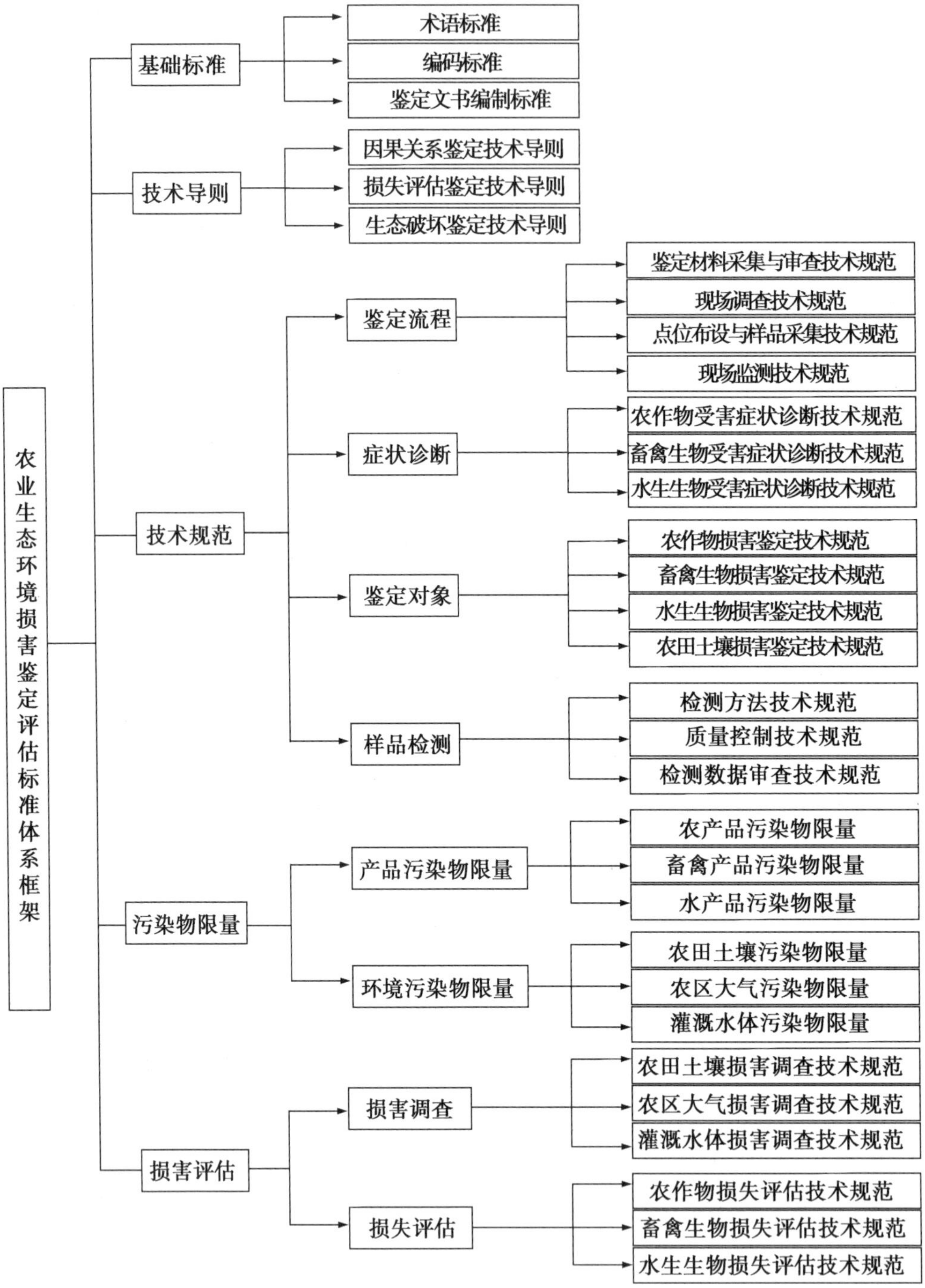

图 2.1 标准体系框架

2.3.4.1　基础标准

基础标准由术语标准、编码标准和鉴定文书编制标准组成。术语标准主要规定农业环境损害鉴定中常见的术语，如农业环境、农业环境损害、损害基线、因果关系鉴定、损害评估鉴定等通用术语。编码标准主要规定编码对象、编码原则、赋码规则等。鉴定文书编制标准主要规定司法鉴定意见书、检验报告的格式要求、编写规范等。

2.3.4.2　技术导则

技术导则有因果关系鉴定、损害评估鉴定和生态破坏鉴定技术导则。因果关系鉴定技术导则包括因果关系鉴定原则、程序、判定依据、损害识别方法、剂量-效应关系等内容；损害评估鉴定技术导则包括农业生物、农业环境及其他财产损失的估算范围、估算程序、估算方法、误差分析与控制等内容；生态破坏鉴定技术导则包括因破坏生态导致的损害鉴定的原则与程序、破坏方式与类型、破坏程度等级及判定依据等内容。

2.3.4.3　技术规范

技术规范涉及鉴定流程、症状诊断、鉴定对象、样品检测。鉴定流程技术规范包括鉴定材料采集与审查、现场调查、点位布设与样品采集、现场监测等的技术规范；症状诊断技术规范包括农作物、畜禽生物、水生生物等的受害症状诊断技术规范；鉴定对象技术规范包括农作物、畜禽生物、水生生物、农田土壤等的损害鉴定技术规范；样品检测技术规范包括检测方法、质量控制与检测数据审查技术规范，其中检测方法标准包括农作物根、茎、叶和产品中污染物的检测方法标准，畜禽生物毛发、肉等中污染物的检测方法标准和水产品中幼体、成体中的污染物检测方法标准，质量控制技术规范包括损害基线确定、鉴定过程质量控制、检测质控、误差控制等的技术规范。

现场调查技术规范涉及调查原则、工作程序、调查内容、调查方法和技术要求等；样品采集技术规范涉及采集方法、点位布设、采样方法等；鉴定材料采集与审查技术规范涉及采集原则、形式审查、实质审查、审查内容、程序和方法等;现场监测技术规范涉及受损农业生物和环境要素的布点与采样、监测项目与分析方法、区域监测、监测数据处理、质量保证等;点位布设与样品采集技术规范涉及采集方法、采集部位、点位布设方法和布设密度等。

农作物受害症状诊断技术规范涉及诊断原则、诊断部位、诊断内容和诊断方法等;畜禽生物受害症状诊断技术规范涉及诊断原则、生长阶段、诊断内容和诊断方法等;水生生物受害症状诊断技术规范涉及诊断原则、诊断部位、诊断内容和诊断方法等。

农作物损害鉴定技术规范涉及损害鉴定原则、程序、方法、技术等;畜禽生物损害鉴定技术规范涉及畜禽生物损害鉴定原则、程序、方法、技术等;水生生物损害鉴定技术规范涉及水生生物损害鉴定原则、程序、方法、技术等;农田土壤损害鉴定技术规范涉及农田土壤污染和生态破坏鉴定的原则、程序、方法、技术等。

农作物根、茎、叶和农产品污染物检测方法包括同一作物不同部位污染物、不同作物污染物的检测方法等;畜禽生物毛发、成体中污染物检测方法包括不同生物不同部位污染物、不同种类畜禽产品污染物的检测方法等;水生生物中幼体、成体中污染物检测方法包括不同种类污染物、水产品不同部位污染物、不同种类水产品污染物的检测方法等。

损害基线确定技术规范涉及对照区选择、历史数据获取、专家赋值判定、限量值选用等;鉴定过程质量控制技术规范包括现场调查、勘察、监测、鉴定意见书编制等环节的质量把控;检测质控技术规范包括实验室内质量控制和实验室间质量控制。实验室内质量控制技术规范涉及空白试验、校准曲线核查、仪器设备标定、平行样分析、加标样分析、质量控制图等。实验室间质量控制技术规范涉及标准样品分配和使用、比对分析方法、协作实验验证等。检测数据审查技术规范包括检测数据的审查内容、审查方法、审查结论和建议等。

2.3.4.4 污染物限量

污染物限量分为产品污染物限量和环境污染物限量,产品污染物限量分为农产品、畜禽产品、水产品污染物最高允许限量;环境污染物限量分为农田土壤、农区大气和灌溉水体污染物最高限量。

2.3.4.5 损害评估

损害评估标准包括损害调查和损失评估技术规范。损害调查技术规范包括农田土壤、农区大气、灌溉水体损害调查技术规范；损害评估技术规范包括农作物损失评估、畜禽生物损失评估、水生生物评估技术规范。

农田土壤损害调查规范包括调查原则、内容、程序和技术要求等，农区大气损害调查规范包括农区大气损害调查的原则、内容、程序和技术要求等，灌溉水体损害调查规范包括灌溉水体损害调查的原则、内容、程序和技术要求等。

农作物损失评估技术规范包括农作物损失类别、评估内容、评估方法、评估程序、误差来源与控制等规范，畜禽生物损失评估技术规范包括畜禽生物损失、评估内容、评估方法、评估程序、误差来源与控制等规范，水生生物损失评估技术规范包括水生生物损失类别、评估方法、评估程序、损害量化、误差来源与控制等规范。

总体来看，基础标准规定标准体系中最基本的、通用的技术要求；技术导则从宏观角度对鉴定事项的基本问题和原则性要求作出总体性规定；技术规范规定鉴定对象、鉴定环节、鉴定方法等的技术细节和技术要点。

2.4 鉴定评估方法

2.4.1 污染溯源

测定农作物中的污染来源有多种方法，目前，研究者们已经从不同的角度对此进行了研究，如地球化学统计分析、微量元素比值及其组合分析、元素特征存在形式和物理化学参数分析、同位素地球化学分析、基于因子分析的污染物溯源等。以上分析方法均在一定的时期发挥了重要作用，但相比较而言，土壤重金属污染源解析方法中最有效的方法是同位素示踪分析法，尤其是稳定同位素示踪分析法。

同位素示踪法是在污染物质的来源解析中，利用放射性核素作为示踪剂对研究对象进行标记的微量分析方法，尤其是稳定同位素示踪法，其优点是没有放射性，不会对环境造成二次污染，并且可以有效追踪污染物质的生成、迁移、转化等全过程。利用同位素的比值进行综合讨论，对所测样品数据以图形方式进行描述和分析，描述某种物质组成随污染物浓度增减所呈现的趋势，为探究同位素在空间或者时间内的演化提供线索。

此外，为探索环境中重金属污染物来源，国内外普遍采用环境地球化学中的化学质量平衡法（CMB）、因子分析法（FA）、富集因子法（EF）、多元线性回归（MLR）等方法分析环境中重金属富集因子的相关性，确定不同环境介质中重金属对土壤重金属累积的影响。

2.4.2 现场监测法

现场监测主要涉及以下几方面的工作：勘察、测绘、采样、观测、走访、座谈、问卷调查等现场前期调查工作；环境介质、受体理化性质，以及有机类、无机类等污染物的含量检测分析等检测工作；通过实验、模拟、计算以及其他专业技术手段和专家技能，完成污染溯源、环境受体确认、因果关系分析、损害量化、损失估算等工作，并作出专业分析判断等。

2.4.2.1 资料收集与调查分析

收集的资料主要包括影响区域自然环境的背景信息、历史监测数据、环境质量信息、社会经济信息等背景资料，用于梳理环境损害影响区域的基本情况。除背景信息之外，污染事件的经过和处置过程也是要重点调查的信息，包括污染源数量、位置、所属行业，特征污染物的类型和种类，污染物排放的地点、方式、发生和持续的时间、应急处置措施等。基于以上信息的梳理和总结，对土壤环境损害情况进行初步的判断并制订详细的调查工作计划。

2.4.2.2 现场踏勘与人员访谈

现场踏勘首先应遵循整体与重点相结合的原则，在综合考虑污染源、污染物分布和污染对生产功能的损害的同时，突出对污染严重区域和受害时段的调查，通过对受害区域的实地踏勘，核查已收集资料的真实性、准确性。此环节是农业环境损害调查的必要环节，此项工作一方面是对已掌握信息进行核实，另一方面是使调查人员更加直观地感受危害发生现场以及受影响区域的情况。现场踏勘的手段可根据现场情况而定。可通过现场工程测绘的方法获取并掌握相关信息，包括潜在污染源的现状（包括污染物迁移、扩散、转化规律，受害区域自然规律，受害生物的生活习性等）、周边地区的现状（地形地貌、水文气象等环境特征）、初步判定可能影响的区域范围（包括周边居民点、水源地等敏感点区域等）。此外，现场踏勘过程中可使用现场快速检测仪器，对受影响和潜在受影响区域的空气、水体和土壤进行检测，快速锁定必要的数据证据。在实际工作中，当农业生物和农业环境受害面积（数量）较大，采用人力踏勘较为困难或难以完成时，可以借助无人机遥感技术进行现场勘察。无人机遥感系统是继传统航空、航天遥感平台之后的第三代遥感平台，它可快速获取地理、资源、环境等空间遥感信息，完成遥感数据采集、处理和应用分析。需要说明的是，遥感调查过程中必须辅之以必要的现场勘察工作。

现场访谈是对现场勘察的有益补充。通过询问受害区域现状或历史的知情人、环境保护等行政主管部门人员、附近居民等相关人员，了解危害的发生经过，以及农业生物受害症状变化过程等相关信息，能够帮助调查人员及时发现在现场踏勘中疏忽遗漏的信息，对鉴定工作的意义不可忽视。另外，为节约时间，提高工作效率，访谈法应与资料收集和现场勘察等工作同步进行。除此之外，还可以利用电话交流、视频通话或书面调查表等方式进行人员访谈。

2.4.2.3 环境监测

环境监测是环境损害调查工作中的重点，环境监测的科学性直接影响环境损害鉴定评估结果的准确性。根据现场踏勘、人员访谈获得的信息，可制定环境损害鉴定评估监测方案，内容包括核查已有信息、判断污染物的可能分布、确定环境介质和生态受体、制定采样方案、制订健康和安全防护计划、制定样品分析方案、确定质量保证和质量控制程序等。在实际工作中，特别是对于突发环境事件应急监测、超大型污染场地调查、复杂条件采样监测等环境损害调查的难点情况，需要结合已有规范条例，根据实际需要和条件制定科学合理的环境监测方案，提高针对性、可操作性和合理性。

2.4.2.4　分类调查

环境损害鉴定评估主要涉及财产性损失、生态环境损害和事务性费用的评估，调查应针对不同类型环境损害的特点开展，设计合理的调查问卷和数据报送方式，采用全面调查、抽样调查等方法，配合环境监测、实验室样品检测等手段协同开展。财产性损失调查主要包括调查环境损毁带来的农作物受损的财务损害、为防止污染扩大而支出的费用等信息，以及开展必要的农产品检测分析等产生的费用。生态环境损害调查需要重点开展三方面调查：污染清理情况，大气、地表水、土壤、地下水、沉积物等环境介质变化情况，以及生态环境中的动植物受损情况和生态服务功能受损情况。事务性费用支出调查主要应涵盖环境监测、现场防护等费用的信息。在实际鉴定过程中，现场勘察是鉴定评估最为重要的环节，有详细现场勘察内容的鉴定意见更为客观。

2.5　问题与建议

对污染物污染途径的研究成果在损害鉴定中作为辅助手段有一定意义，但最终确定因果关系和损失数额还是要依靠检测等手段。生态环境部门往往对环境中的污染物进行检测，而不检测受害对象，他们的工作在整个农业环境损害鉴定中有一定意义，但并不全面。其一，生态环境部门对污染事件的处理和研究主要围绕污染源展开，包括对污染物的类别和特性、排放方式、污染路径、可能的危害范围等的研究，但对受体受害症状、可接受水平以及受体本身的性状和生长机理等关注不够，而这些只有依靠行业部门的专家，比如农业方面的专家，依靠植物营养、土壤肥料、农艺等方面的研究才能更好地了解。其二，生态环境部门在污染鉴定方面，关注更多的是突发事件，慢性污染的研究很少，而这些更应该成为其关注的重点。在制定鉴定技术规范方面，生态环境部、农业农村部等部门的行业标准，是从查明真相角度提出严格的因果关系判定规则，是从受体出发，寻找可能的污染途径，查找可能的污染源，是从已知到未知的推理过程，需要就污染路径、剂量暴露关系进行严格的技术规定，相对复杂一些。而司法部门的司法鉴定技术规范是为诉讼服务的，是寻找已知污染源（案件中被告的企业）与受体（原告的农田或农作物）之间是否存在因果关系，是从已知到已知的过程，只是查找涉案企业是不是污染源，而不是查找真正的污染源，对因果关系认定标准可以适当简化，比如依据受体中是否含有已知污染源排放的污染物，且含量是否超标或比对照区明显高，受体生长是否受到明显影响，即可认定是否具有因果关系，没有必要详细规定剂量暴露关系；此外，司法鉴定技术标准要更多关注司法特性和思维，例如对于刑事案件，有80%完整度的因果链即可认定因果关系，对于民事案件，有60%完整度的因果链即可认定因果关系。

在损失评估鉴定尤其是在确定损失数额和品质损害方面，比如农业环境损害评估，如果涉及货币化，单纯的价格鉴定机构也无法胜任，比如鉴定中的农产品价格，价格鉴定机构获取的一般是市场价，是进入销售环节的价格，而在农产品损害鉴定中，用这个价格是不合适的，只能用地头价，也就是现场收购价，这个价格具有很强的地域性和浮动性，但物价部门是不采集地头价的，只能由鉴定机构通过田间调查、农业农村部门统计、当地农业专家现场评估等方式确定，主要还得依靠农业环境鉴定机构。

目前，我国生态环境损害鉴定评估仍然处于起步阶段，整体上仍然存在如下问题。一是鉴定评估机构数量不足。目前有资质的鉴定评估机构数量仍然偏少，且地区分布不均，机构能力参差不齐。鉴定评估周期普遍偏长，影响生态环境修复进程。基层反映，现有的专家库专家领域较窄，在评估自然资源、农业、林业等领域生态环境损害时不够全面。二是鉴定评估管理机制不完善。生态环境部推荐环境损害鉴定评估机构的信用评价、监督惩罚等行业管理制度尚未建立，缺少有效的行业动态监管和问题机构推出机制。鉴定评估机构尚缺乏统一的收费规定，鉴定评估费用居高不下。三是评估技术标准体系仍不健全。针对农田、森林、湿地等生态环境要素的评估标准仍未出台，对因果关系分析方法、生态服务功能价值量化等关键技术的研究薄弱，生态环境损害鉴定评估规范相对不足。

针对以上问题，特提出以下建议：一是加快鉴定评估机构规范化建设，适当放开准入限制，充分发挥现有大学、科研机构的作用，鼓励更多专业机构开展生态环境损害鉴定评估业务，引导开展市场化竞争，但要防止脱离监管，以致通过鉴定损害当事人和国家环境利益；二是制定出台司法鉴定法和鉴定评估机构管理办法，将推荐机构有序纳入司法鉴定机构管理范围，加强行业监管，建立信用体系、监督惩罚、问题机构退出等制度机制，出台生态环境损害鉴定评估机构收费标准或指导意见；三是夯实科研基础，推进基础研究，加强生态环境损害鉴定评估技术基础研发，进一步加快健全鉴定评估技术标准体系，分类细化，将科研成果转化为统一的技术规范，指导鉴定实践。

第二篇　关键技术

第3章 农业环境损害诊断识别

【内容提要】 对损害症状的有效诊断识别能够快速明确致害因子,进而锁定损害来源,为农业环境损害事件的处理和正确的仲裁提供科学依据。本章从典型大气污染物(二氧化硫、氟化物、氯气、臭氧、氨气、氮氧化物)、重金属污染物[镉、汞、铬、铅、镍、钴、砷(类金属元素)、锌]、有机污染物(多环芳烃、苯系物、多氯联苯、石油类、农药)对主要农作物损害表观症状出发,对比了其与病虫害、药害、肥害症状的区别;介绍了目前常用的诊断识别技术,包括野外现场勘察法、基于图像分析的诊断技术、基于光谱成像技术的植物检测、高光谱遥感技术、实验室毒理方法等;能够帮助本书的使用人员了解相关理论,并将其运用于损害诊断识别实践。

3.1 典型农作物污染损害症状诊断

作为农业大国,我国农田环境质量关乎生态环境安全和全民身体健康。农田土壤是一个十分重要的环境介质,它不仅是污染物的“汇”,而且也是向其他环境介质(水体、大气)迁移转化的“源”。由人类活动频繁所带来的有毒有害物质污染不可避免地流入农业生态系统,致使农业环境损害事件频发。当农田土壤受到重金属污染时,土壤中的铜、银、锌、镍、砷和镉等重金属(类金属)元素的含量就会大大超过土壤环境质量标准中的背景值,这严重威胁农业生态环境、农产品食品安全和农业可持续发展。对于作物而言,土壤中的重金属会在植株体内富集，当积累量超过作物耐受能力时，作物会表现出某些特定的受毒害症状，植物生长受到抑制，严重的导致农作物减产或绝收，最终造成农作物死亡。除重金属污染外，我国农田还面临较为严峻的农药、石油类和多环芳烃等有机污染物的威胁。有机污染物可通过吸附作用进入土壤，经由植物根系吸收而进入植物体内，具有挥发性的有机污染物也可以被植物体的叶片所吸收，并在植物体内发生转运、部分代谢和积累，最终会通过食物链的富集与传递，危及人类生存。

因此，有效诊断和辨识农作物的受毒害症状不仅有利于监测当地农业生态系统的安全性，还有利于对农业环境中的污染行为予以确认并及时发现和切断污染源。通过日益增多的农业环境污染损害事件的鉴定工作，可有效确定污染因果链条关系，直接为农业环境损害事件的处理提供科学依据，也为正确的仲裁提供科学依据。

3.1.1 大气污染物

生物界中，植物较动物更敏感，更易受到大气污染的影响和危害。这是由于植物有庞大的叶面积同空气接触并进行活跃的气体交换；与高等动物不同，植物没有循环系统，无法缓冲外界的影响与冲击，无法为自身细胞和组织提供比较稳定的内在环境；再加上植物一般都是固定不动的，不像动物可避开污染。因此，只要大气污染物的浓度超过了植物的耐受程度，植物就会受到伤害，轻者可改变植物群落组成，重者可致植物个体死亡、种群消失。

大气污染物主要通过以下两条途径对农作物产生影响：一是被农作物叶面直接吸收；二是通过沉降和降水进入土壤，借助土壤媒介再被植物吸收。大气污染物对植物的伤害一般分为两类：当植物受到高浓度大气污染物侵蚀时，短期内叶片上即出现点、片伤斑，叶组织坏死，此为急性伤害；当低浓度大气污染物与植物长期接触时，会使植物生长受阻、发育不良，出现失绿、早衰等现象，此为慢性伤害。

植物在生长期中长期接触大气污染物，会损伤叶面，减弱光合作用，伤害内部结构，使植物枯萎，直至死亡。大气污染物对植物的致害方式主要有三种:一是使植物中毒或枯竭死亡,二是减缓植物的正常发育,三是降低植物对病虫害的抗御能力。大气污染还可以通过酸雨的形式杀死土壤微生物,使土壤酸化,土壤肥力下降,最终危及植物,使植物出现生长减慢、发育受阻、失绿黄化、早衰等症状,有的还会引起异常的生长反应。

作物对大气中二氧化硫、氟化氢、氯气、臭氧等有毒气体的抗性因作物品种不同有一定的差异:有的甚至比人和动物还敏感得多,只要有一点迹象就会表现出来;有的却具有很强的抗性。不过其抗性都受污染物浓度与受害时间长短的影响。作物对有毒气体的抗性还与其发育年龄有关,生长旺盛、气体交换频繁的幼年期作物抗性弱;嫩的成熟叶和光合作用强度高的叶抗性弱;脱苞幼叶和老叶抗性较强。

3.1.1.1 二氧化硫对作物的损害症状

(1)小麦。小麦受二氧化硫危害后,最初的典型症状是麦芒变成白色,接着,叶片变成淡褐色或白色。研究发现,小麦孕穗期和扬花期(以扬花期最敏感)经低浓度二氧化硫长期熏气处理后,相当数量的花粉退化解体,花粉在柱头组织上的萌发和花粉管的延长受到抑制,形成许多异型花粉粒,导致授粉率下降,空瘪率明显上升,成熟率下降,造成减产。除了叶片症状以外,小麦等麦类穗子上的芒对二氧化硫特别敏感。另外,当二氧化硫浓度较高时,旗叶鞘和穗下节的裸露部分也会出现伤斑。在小麦苗期、拔节期和扬花期,用各浓度二氧化硫处理均未出现伤害症状,但在小麦返青至灌浆期,用浓度为0.322 mg/m^3的二氧化硫处理的小麦出现了伤害症状,先期部分叶片开始出现褪绿斑,叶尖枯黄卷曲,一周后大部分叶片出现黄褐色条斑或点块状、连珠状褐红色斑,气孔周围尤为明显,以旗叶为重;而用浓度为0.211 mg/m^3的二氧化硫处理的小麦出现个别轻度伤害的褪绿斑。长时间用浓度为0.322 mg/m^3、0.211 mg/m^3和0.122 mg/m^3的二氧化硫处理的小麦比对照组分别出现不同程度的减产。在不同生育期,不同浓度二氧化硫对小麦表观光合作用速率及叶片含硫量都有影响。

(2)水稻。水稻受二氧化硫危害时,最初叶片变成淡绿色或灰绿色,叶面有小白斑,随后全叶变白,叶尖卷曲、萎蔫,茎秆及稻粒也变白,枯熟甚至全株死亡，尤其在扬花期，受害最重。二氧化硫熏气试验结果表明，与正常条件下生长的水稻相比，二氧化硫急性伤害对水稻产量构成因子的影响在品种和生育期方面表现出差异性。在分蘖期进行二氧化硫熏气处理后，穗重、千粒重和每穗总粒数随熏气浓度的增加都有下降趋势；在拔节期进行二氧化硫熏气处理后，单株穗重与千粒重与对照试验相比也表现出一定的差异；在抽穗期进行二氧化硫熏气处理后，千粒重随二氧化硫浓度增加表现出下降趋势；在灌浆期进行二氧化硫熏气处理对产量构成因子的影响规律性不明显(见图 3.1)。

图 3.1　二氧化硫对水稻生长的影响

(3)蔬菜。蔬菜对二氧化硫的抵抗力很弱，少量的气体就能损伤植株的生活机能。受二氧化硫影响的蔬菜的典型症状是在叶脉间叶肉组织上出现界限分明的点状或块状白色伤斑，有的连接成片。在受害轻时，斑点只在气孔较多的叶背面出现；二氧化硫浓度高时，叶表面也出现白斑，幼茎表现出叶缘发白，叶片呈现轻度水浸状。白斑是二氧化硫破坏叶绿体，使叶片褪绿，细胞脱水干枯后形成的。蔬菜叶片在受二氧化硫危害严重时，叶肉部分可以全部变黄枯萎，仅留下叶脉网状骨架，最后死亡。叶片症状因作物种类而异：叶片出现白斑的有萝卜、白菜、菠菜、番茄；出现浅黄色或黄绿色的有葱、辣椒、洋葱、韭菜、油菜、菜豆和黄瓜；出现褐斑的有茄子、胡萝卜、马铃薯、南瓜和甘薯；出现黑斑的有蚕豆。

3.1.1.2　氟化物对作物的损害症状

(1)小麦。有关氟化物对小麦种子发芽率影响的研究发现：干燥小麦种子经不同浓度的氟化氢熏气后，发芽率无明显差别；浸泡后的小麦种子经氟化氢熏气后，其发芽率有下降的趋势，但与对照组相比差异不大。此外，氟化氢浓度小于 10 μg/mL 时对浸泡后小麦种子的发芽率几乎无影响；随着氟化氢浓度的逐渐增加，小麦种子发芽率明显下降；但当氟化氢浓度大于 50 μg/mL后，发芽率下降趋势平缓，这说明氟化氢更易伤害浸泡过的小麦种子，进而抑制小麦种子的萌发。

此外，有关氟化氢对小麦株高影响的研究发现：小麦在正常情况下的生长趋势呈直线状递增；低浓度氟化氢熏气后小麦的株高与对照组相比差异不大；而高浓度氟化氢熏气后的小麦株高明显低于对照条件下的小麦株高，且氟化氢浓度高于 20 μg/mL 时小麦株高明显降低，这表明在高浓度氟化氢影响下，小麦生长受到抑制。

小麦株高随着氟化氢浓度的变化而变化。第一次熏气时不同浓度的小麦株高基本相同，随着熏气次数的增加，小麦株高逐渐变得高低不等。低浓度氟化氢熏气对小麦株高的影响不明显，生长曲线表现为波动状。随着氟化氢浓度的增加，小麦株高明显低于对照组，这表明高浓度氟化氢熏气对小麦株高的抑制作用较为明显。此外，相同浓度的氟化氢对不同生长阶段的小麦株高的影响不同，一般是对培养时间短的小麦株高影响较大。幼苗期小麦经不同浓度氟化氢熏气后，其株高受氟化氢浓度的影响较大，生长曲线倾斜度也较大且明显。这说明氟化氢对处于生长初期的小麦的生长抑制作用更为明显。

(2)水稻。水稻受氟化物危害后表现的症状是：首先叶尖端和边缘出现黄化，当污染严重时，叶尖和叶缘的伤斑迅速扩展，在受害组织与正常组织的交界处呈现稍浓的褐色或近红色条带。

大气中的氟化物被水稻吸收后，能使稻粒变小，瘪粒增加，降低了千粒重，所以千粒重可以用于水稻生长期间大气氟污染的监测。此外，稻叶含氟量与水稻产量呈负相关，稻叶含氟量较高时，产量就相应降低。因此，通过分析稻叶受污染的程度，可以预测水稻产量。

(3)玉米。玉米在受害初期，叶上有褪绿现象或黄色斑点出现。核果类树叶上会出现穿洞眼的特殊症状。受害农作物壮叶、幼叶和嫩枝上都有白斑，而且特别明显(见图3.2)。玉米苗期(小喇叭口期和大喇叭口期)受害，对产量影响较小，一般会减产10%～20%。玉米抽穗期受害，对产量影响

图 3.2　氟化物对玉米生长的影响

较大。受害较轻时,抽雄、抽丝、成熟分别比正常情况下晚 4～15 d、9～19 d 和 2～19 d,而且穗突顶加长,不结实率增高,千粒重减少;受害较重时,大多不能抽穗,形成"光杆",即使能抽穗也不能授粉,形成"空穗"。玉米灌浆期受害,不能正常灌浆,一般损失 50%以上,严重时可造成绝产。

3.1.1.3　氯气对作物的损害症状

(1)水稻。水稻受高浓度氯气伤害,急性危害症状为叶片变成淡绿色或灰绿色,上面有小白斑,随后全叶变白,叶尖卷曲萎蔫,茎秆稻粒也变白,形成枯熟,甚至全株死亡。受害伤斑主要分布于脉间,呈不规则点状或块状,受害组织与健康组织间无明显界限。受害作物一般都表现为"失绿"、叶片黄化、根呈褐色。稻株轻拔易起,根系坏死,带黑褐色,无新根,生长受阻,有的甚至全株枯死。受到低浓度氯气伤害时,慢性危害症状为叶片伤斑呈褐色条状,似擦伤状,叶尖褐色,但不卷曲,谷粒失去固有金黄色而略呈褐色。氯气对水稻的伤害,以幼穗形成期至无花期最为严重。

(2)玉米。玉米受氯气毒害后,在叶脉间会出现黄褐色的坏死条纹。中等叶龄或较老的叶片,比幼嫩叶片更易受害。叶缘和叶脉间组织出现白色、浅黄褐色的不规则斑块,直至全部漂白、干枯死亡。症状最早发生在老叶上,氯气浓度高时茎也会受害。一般植株的中部叶片和下部叶片受害严重(见图 3.3)。

图 3.3　氯气对玉米生长的影响

3.1.1.4 臭氧对作物的损害症状

图 3.4 臭氧对小麦生长的影响

(1)小麦。采用开顶式气室模拟臭氧熏气对小麦影响的实验,实验结果显示,最先受到伤害的部位是经臭氧处理的小麦叶片,受害程度依次为苗期、扬花期、抽穗期、分蘖期和拔节期。伤区一般在幼叶的叶尖和叶上部、成年叶的前半部以及老叶的中部。叶受害症状表现为由叶尖向下部扩展,先出现密集细小斑点,进而在叶尖和边缘产生坏死区(见图3.4)。随着臭氧污染的延续,伤区逐渐扩大,受害部分与健康组织间有明显界限,之后叶扭曲,叶缘卷起,直至半片以上组织坏死,叶片呈浅黄色,不脱落,而对照叶则表现正常。臭氧对小麦株高影响明显,从幼苗至成熟,与对照组相比,株高增长显著变缓。臭氧对小麦结实器官生长发育影响明显,开花率、总穗数和穗长与对照组相比都减少。叶片对臭氧较为敏感,受臭氧伤害的叶片长得小,抽穗期抗性稍高。在整个熏气期间,麦秆及叶鞘、旗叶及穗下节裸露部分和麦穗一直呈现绿色,表明这些部位对臭氧的抗性较强,故经臭氧处理的小麦虽然大部分叶受伤枯黄,但仍可扬花、结实。

(2)水稻。研究发现臭氧对水稻的直接伤害有明显的器官选择性,主要表现在叶片(叶肉部分)上(见图 3.5)。可分为 3 种类型:①褪绿型。水稻在 0.2 mg/L臭氧浓度下处理约一周,或在 0.1 mg/L 下处理约半个月,即可见这种伤害。主要症状是叶尖和主叶脉两侧局部褪绿变为淡绿色,继而发展为大部叶片由淡绿色转为黄色,褪绿较慢,持续时间较长。②褐斑型。褐斑的产生几乎与褪绿同时发生,不同的是,褐斑开始产生时面积很小,在主叶脉两侧出现褐色小斑点,之后逐渐密集起来,很快与褪绿部分融合在一起。③水锈斑。在上述两种类型伤害出现若干天之后,叶片失去正常色泽,转为棕褐树皮色。这种类型的伤害是由褪绿型和褐斑型综合叠加并发展而成的。这种伤害持续时间最长,直到植株成熟,而叶片无明显失水症状。锈斑具有较弱的可恢复性。

图 3.5 臭氧对水稻生长的影响

(3)玉米。臭氧损害在玉米叶片上的症状表现为暗色、灰绿色水浸状病斑。有些品种叶片的一面或两面的横带上会产生小的银灰色至褐色坏死斑。最老叶片在基部受害,次老叶片是中部受害,而幼嫩叶片则是顶端受害。叶片的边缘受害最重,但中脉保持正常。

3.1.1.5 氨气对作物的损害症状

氨气对作物的损害症状表现是使叶片边缘组织先变成褐色后白化,并出现皱缩及火烧状绿色,严重时整个叶片脱落。在高浓度氨气影响下,植物叶片会发生急性伤害,症状表现为叶肉组织崩溃,叶绿素解体,出现脉间点、块状褐黑色伤斑或沿脉向呈分枝状出现浸润性褐色斑块。伤斑与正常组织间多数界限分明。受害植物中绝大多数种类的症状出现在叶子的上表面,但也有些植物的受害症状首先出现在叶背,或叶背较叶面明显。

3.1.1.6 氮氧化物对作物的损害症状

一氧化氮不会引起植物叶片斑害,但能抑制植物的光合作用。二氧化氮会通过植物叶片气孔吸收溶解,进而造成叶脉坏死,最终影响植物的生长和发育,降低产量。如果长期处于氮氧化物体积分数为 2×10^{-6}~3×10^{-6} 的高浓度下，植物就会受损。

3.1.2　重金属污染物

3.1.2.1　镉对作物的损害症状

(1)小麦。小麦根系生长对镉胁迫敏感，镉对小麦分蘖的抑制效应在多蘖型品种中大于少蘖型品种，对小麦叶绿素含量的降低效应也是敏感型品种更大一些。小麦受镉危害，叶片发黄，出现灼烧枯斑，叶脉发白，分蘖减少，严重者不开花结实。

(2)水稻。水稻受镉毒害后，穗数或每穗颖花数减少，从而导致产量降低。而镉对结实率和千粒重无显著影响。水稻对镉污染胁迫的响应因生育阶段不同而异：在幼穗分化之前主要降低光合生产潜力，抑制营养体生长；在幼穗分化-抽穗期主要抑制生殖器官分化和发育；在抽穗期以后主要阻碍体内营养物质的迁移和转化。幼穗分化-抽穗期是水稻对镉胁迫生理反应最敏感的时期，杂交稻比常规稻对镉胁迫更敏感。土壤中镉过量时，植物会出现缺绿病，生长发育受到抑制，水稻表现为叶鞘黑褐色，产量下降(见图 3.6)。

图 3.6　镉对水稻生长的影响

(3)蔬菜。研究发现，在设定的镉胁迫浓度区间(0.1～20.0 mg/L)内，不同种类作物或同一作物不同部位所表现出来的表观毒害症状和敏感性都存在较大区别。如在用0.1 mg/L镉处理各作物8 d后，大白菜、油白菜、蕹菜、萝卜、芥菜首先响应，表现出新叶黄化症状。在0.25 mg/L镉处理下，各作物对镉的毒性响应差异较大，如十字花科的小白菜、花椰菜，菊科的油麦菜、生菜，以及禾本科的水稻等植物幼苗都先后出现不同程度的新叶黄化现象，但黄瓜、芹菜等没有异常症状，甚至长势比对照组更好。用镉(0.5～5.0 mg/L)处理7 d后，随着镉胁迫浓度的增加和胁迫时间的延长，大多数作物长势受抑制，新叶脉间失绿黄化的症状越来越严重，侧根须根亦明显增多，而主根生长显著受抑制。因此，0.1～0.25 mg/L是在水培条件下大部分作物最敏感的镉响应端点。

3.1.2.2 汞对作物的损害症状

(1)水稻。灌溉水含汞2.5 mg/L时，就对水稻的生长有抑制作用，使水稻植株变矮，分蘖受到抑制，根系发育不良，变得粗短，根毛稀疏，叶片黄化，穗小，空秕粒增多(见图3.7)，秕谷率近50%，减产27.1%；灌溉水中汞含量为25 mg/L时，减产51%。汞含量为0.1 mg/kg的土壤中生长的水稻，其糙米含汞量有明显累积。

图3.7　汞对水稻的损害症状

(2)蔬菜。在不同浓度汞毒害下，蔬菜幼苗毒害症状出现的时间不同。蕹菜和黄瓜在进行汞毒害的第2天即表现出毒害症状；根菜类(胡萝卜、白萝卜)最迟出现症状，到第8天才表现出症状；其余种类蔬菜基本于添加毒害后第4天即表现出毒害症状。经高汞处理的幼苗最先出现毒害症状，随着营养液中汞浓度的降低，幼苗出现毒害症状的时间推延，毒害症状有所减轻。各类蔬菜对汞毒害的敏感性不同，收获时表现出毒害症状的最低汞浓度不同(见图3.8)。

(a)苋菜的症状(汞浓度 16 mg/L)

(b)西红柿的症状(汞浓度 32 mg/L)

(c)茼蒿的症状(汞浓度 32 mg/L)

(d)上海青的症状(汞浓度 32 mg/L)

图 3.8　汞对蔬菜生长的影响

3.1.2.3　铬对作物的损害症状

(1)小麦。小麦受铬毒害后,首先是下部叶片发黄,叶面出现铁锈样斑块,严重时整个植株枯死;幸存的植株穗很短,空秕率高,产量低。

(2)水稻。水稻受铬毒害后,根系生长受阻,植株发育不良、分蘖少,叶鞘出现紫褐色斑点。根据水培水稻试验发现,不同浓度的铬对作物的毒害程度不同。随着培养液中六价铬浓度的增加,水稻受损症状表现明显:低浓度铬(10 mg/L)对水稻株高和根长无明显抑制,对叶绿素含量影响不大;中浓度铬(50 mg/L)使叶片中叶绿素含量明显下降,叶片黄化现象严重,各部位干重受到严重影响;当铬浓度达到 100 mg/L 时,分蘖期植株逐渐枯死(见图3.9)。

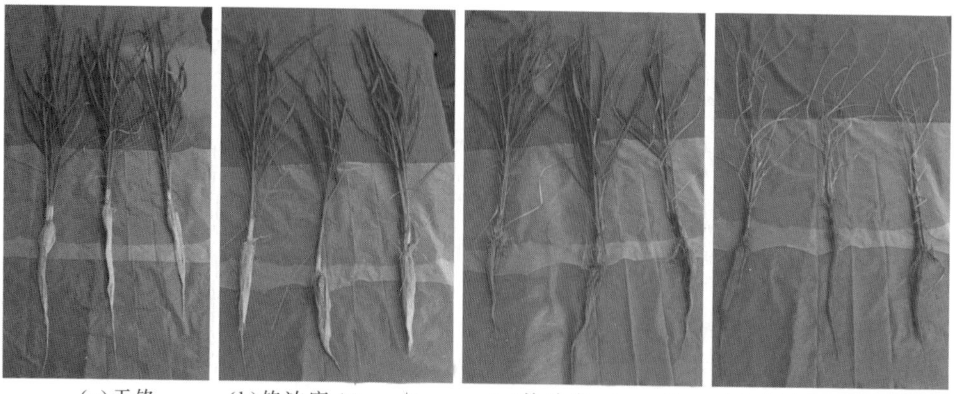

(a)无铬　(b)铬浓度 10 mg/L　(c)铬浓度 50 mg/L　(d)铬浓度 100 mg/L

图 3.9　铬对水稻生长的影响

(3)蔬菜。不同种类的蔬菜在相同的铬浓度处理下表现症状有较大差异。随着水培铬浓度的增加，各蔬菜逐渐表现出老叶萎蔫枯落，新叶黄化失绿的现象；叶菜类蔬菜会出现新叶抽缩卷曲、新叶难以抽生、根系褐化、根尖变黑甚至腐烂等毒害症状，有的在高浓度条件下直接死亡。在水培条件下铬浓度为 0.25 mg/L 处理时，由于不同种蔬菜对铬的耐性不同，敏感类蔬菜(如空心菜、甘蓝)会出现新叶黄化、根系变褐等症状；而番茄、生菜、上海青、芥菜在该浓度处理下与对照组相比并无明显症状；芹菜、苋菜、白萝卜等蔬菜品种在该浓度下与对照组相比不但没有明显症状，而且其地上部分生物量要高于对照组，表明较低浓度的铬对该类蔬菜的生长有促进作用(见图 3.10)。

(a)黄瓜症状　(b)番茄症状

图 3.10　铬对蔬菜生长的影响

3.1.2.4　铅对作物的损害症状

(1)水稻。研究发现，铅对水稻的毒害作用会随着土壤中铅浓度的增加而加剧，主要表现为水稻株高逐渐降低，叶片长度和宽度逐渐减小，叶片数减少，返青慢，生长缓慢，分蘖数减少，分蘖期延迟，抽穗期延迟，抽穗数、灌浆数降低。水稻栽种一定时间后，从铅浓度 1000 mg/kg 开始处理，植株生长出现明显的抑制症状，下部叶片出现褐化，严重者出现枯萎。当铅浓度增至 2000 mg/kg、3000 mg/kg时，植株生长极其缓慢，其抽穗期延迟 15 d 左右，分蘖数、抽穗数极少，随着铅浓度的增加根系明显变短，侧根减少(见图 3.11)。

(a)水稻对照组

(c)浓度为 3000 mg/kg 铅处理的水稻

图 3.11　铅对水稻生长的影响

(2)小麦。土壤含铅量较高时，小麦叶片呈灰绿色，植株矮小，花粉受精受影响，不分蘖，根系短小，成熟期延迟，结实率降低，小麦籽因含铅导致其质量增加。

(3)蔬菜。土壤中的铅对不同品种的蔬菜具有不同程度的影响，如减产、抑制种子萌发、生长受限等。当土壤中的铅浓度大于 300 mg/kg 时，萝卜会减产近 20%，且萝卜中铅的含量与土壤中铅的含量呈正相关。低浓度铅对白菜种子萌发抑制不明显，但铅含量较高时能明显抑制白菜种子发芽，且白菜根系活力随着铅胁迫浓度增加显著降低，幼苗生长受到抑制。小白菜在铅浓度为 50～2000 mg/kg的土壤中生长时，可减产 10%。当土壤中铅的浓度为 1200 mg/kg时，小白菜的生长明显受到抑制；当浓度为 4000 mg/L 时，表现出黄化症状。铅对辣椒的生长特性也有影响，随着土壤中铅浓度的增加，辣椒的产量显著降低，且植株形态发生畸变。

3.1.2.5　镍对作物的损害症状

(1)小麦。受镍毒害的小麦冬前分蘖显著减少，返青后叶色发黄，生育期推迟。随着镍浓度的提高，小麦受害症状愈加明显，土壤中镍的浓度为

200 mg/L时，幼苗叶基部已发黄，生长中期叶尖发黄；镍浓度增加到1000～1500 mg/L时，叶尖发黄变枯，生长停滞，最后大部分幼苗死亡。生育后期植株高度会比正常植株小且抽穗晚，高浓度下，迟迟不抽穗。随着土壤镍投加量增加，小麦根系显著变短，根量变少。

(2)水稻。水稻的生长也因为镍的投加而受到抑制。表观症状为新叶明显的黄化，较高浓度时水稻白叶化，叶尖端发生干枯，有的出现绿白相间的条纹。当浓度较大时，植物会停止生长。

(3)蔬菜。蔬菜镍中毒一般症状是根系生长受阻，植株矮小，叶片卷曲、黄化，严重时呈斑点状坏死，其生物组织上的表现为组织破裂、细胞硬化、叶绿素分解。镍毒症实际上会诱发缺铁和缺锰症。在较低浓度时，黄瓜上部嫩叶出现黄斑，快菜上部嫩叶脉间失绿。其余蔬菜均在较高浓度下出现毒害症状，典型症状是上部嫩叶黄化，出现大块黄白斑或褐斑，并有不同程度的失水。此外，镍过剩时，油菜发生特异性枯斑病症状，地上部分出现褐色斑点或斑纹(见图3.12)。

图3.12　镍对蔬菜生长的影响

3.1.2.6 钴对作物的损害症状

作物钴过量的典型症状是上部嫩叶叶脉间失绿或黄化。污染较重时，多种蔬菜叶柄、叶脉或茎呈现微紫红色。根据各种蔬菜的受害程度把蔬菜大致分为三类：钴敏感品种、钴较敏感品种和钴较不敏感品种。其中钴敏感品种的受害症状为：蕹菜上部黄化叶片的边缘布满大块焦斑；大白菜上部叶整片枯黄；黄瓜上部黄化叶片的中部有大块凹陷黄白坏死斑。钴较敏感品种的受害症状为：豇豆、苋菜的上部叶整片黄化；番茄、茄子、萝卜、快菜、芥菜的上部叶脉间失绿。钴较不敏感品种包括松花菜、甘蓝、菜心、莴笋、生菜、油麦菜等，损害症状并不显著。

3.1.2.7 砷对作物的损害症状

砷中毒可影响农作物的生长发育，导致根系生长受阻，叶枯萎，地上部生长迟缓，甚至整株枯死。小麦受到砷毒害后，根枯死，地上部生长受到抑制，叶变窄而硬，呈青绿色，严重时整个植株枯死。水稻受到砷毒害后，根部变成深褐色，地上部也呈现褐色，类似缺磷的症状，不同浓度的砷对水稻的毒害作用明显不同。水培试验证明，当砷浓度达 10 mg/L 时，水稻不能正常生长，甚至不能抽穗；砷浓度达 100 mg/L 时，水稻几乎全部枯死。土培试验证明，土壤中砷浓度大于 8 mg/kg 时，水稻生长会受到抑制；随着砷浓度的增加，水稻受害程度会随之加重，当土壤中砷浓度达 12 mg/kg 时，糙米含砷量超过食品卫生标准；当土壤中砷浓度达 40 mg/kg 时，水稻减产一半；当土壤中砷浓度达 160 mg/kg 时，水稻死亡。多年生植物（如桃树）受到砷毒害后，树皮或木质部变色，叶部产生斑点，而橘树会因受到砷毒害发生叶脉黄化病。

3.1.2.8 锌对作物的损害症状

(1)水稻。受锌毒害的水稻植株生物量开始减少，茎秆变纤细，叶面有轻微发黄现象，叶片叶缘失水，一般出现在新生叶的第 2 片，黄化现象自叶缘向叶柄方向扩散，老叶叶尖失水干枯。污染较重时水稻已不能正常生长，株高与插秧时相差无异，新叶不能正常抽出，生物量极小，整个植株的叶片除了叶柄都出现发黄、干枯、失水现象。过量的锌可致植物锌中毒，也可直接影响植物对铁的吸收，造成植物缺铁失绿和生长障碍，甚者可导致死亡。当锌浓度超过 200 mg/L 时，水稻叶片绿色变淡，分蘖减少，物候期延迟，产量下降，200 mg/L锌处理的水稻有效分蘖减少 8%左右，糙米产量下降 13%；锌处理浓度增加至 300～2000 mg/L 时，水稻减产 18%～25%；大于 3000 mg/L 时，大部分水稻植株死亡。

(2)蔬菜。植物外伤症状在一定程度上可反映植物长势，表征其生长状况。在高浓度锌条件下，各种蔬菜的毒害症状依据出现的部位不同可分为以下三类：

第一类，毒害症状首先出现在顶端叶心及新叶，有四种表现：顶端叶心及新叶脉间失绿、黄化，如小白菜、菜心、快菜、胡萝卜等，除此之外，在粮食作物(水稻和小麦)新叶上也观察到此类症状；前期顶端叶心及新叶黄化，逐渐转化为新叶白化，顶端叶心皱缩、卷曲，不能正常抽出新叶，如莴笋、油麦菜等；前期顶端叶心及新叶黄化，逐渐表现为新叶枯斑、叶缘失水呈灼伤状、内卷干枯，表现尤为明显的是茼蒿，此外，在樟树、栾树幼苗上也观察到类似现象；新叶出现毒害症状的同时，基部老叶也出现枯斑、失水脱落现象，如小白菜。

第二类，症状首先出现在基部老叶，有两种表现：老叶有枯斑，叶缘失水呈灼伤状，叶片卷曲，干枯脱落，代表作物有早熟 5 号白菜、茄子、芥菜；除老叶出现以上症状外，新叶也出现黄化或白化现象，伴有少量枯斑，叶心失水干枯，其中黄瓜、苋菜尤为明显。

第三类，症状首先出现在茎基部，茎基部呈现黑褐色，随时间延长症状逐渐向上推移，老叶黄化，叶片有枯斑，叶缘失水，干枯，最后整叶脱落，此类作物有菜豆、豇豆。

3.1.3 有机污染物

3.1.3.1 多环芳烃

农作物对环境中的多环芳烃有蓄积作用，而多环芳烃则对作物的发育生长有毒害效应。国内外相关学者对多环芳烃对作物的毒害效应开展了众多研究。有学者对水培油菜种子，以萘、芘和荧蒽进行暴污试验，发现油菜种子在萌发过程中其根的数量减少，长度缩短。还有学者分别以含 200 mg/L 萘、菲、荧蒽和苯并[*a*]芘等的水水培玉米、大麦和紫花苜蓿等 8 种作物的种子，研究发现：在培养初期，所有作物种子的萌发均受到萘和菲的抑制，并且抑制程度萘大于菲，而苯并[*a*]芘对种子的萌发表现出促进作用，其余处理则均未受到影响。还有研究人员用芴、蒽、芘等多环芳烃分别以 1 mg/L、10 mg/L、50 mg/L和 100 mg/L 4 个浓度级土培小麦、燕麦和玉米等 6 种作物，其结果表明在培养初期，土壤中的多环芳烃浓度低于 10 mg/L 时对作物生长有刺激作用，最低的植物性毒害阈值为 100 mg/L；研究发现，萘和芘均会对水稻的产量产生影响，且芘的生理毒性明显高于萘，其对水稻的影响远大于萘。两种有机污染物不仅影响水稻产量，而且对稻米质量也有显著的影响。除稻米出糙率外，其他几项稻米品质指标，如精米率、整精米、垩白度变化也明显。多环芳烃是环境中具有代表性并且普遍存在的持久性有机污染物，具有致畸、致癌与致突变的“三致”效应。在农业中的危害主要是通过迁移转化作用残留在土壤以及农作物中，最终危害农业健康甚至人类的健康。

3.1.3.2　苯系物

苯系物是另一类重要的有机污染物，通常指苯、甲苯、乙苯、邻二甲苯、间二甲苯、对二甲苯等化合物。苯系物作为重要溶剂及生产原料，在石油化工、煤化工、油漆、医药、农药等行业排出的废水废气中有较高含量。近年来，随着工业的迅速发展，石油化工、炼焦、染料、塑料、合成橡胶、合成树脂、合成纤维、合成药物及农药等行业的废水排放和污水灌溉以及地下储油罐和石油管道的泄漏造成了土壤的污染。土壤中的苯系物可通过植物吸收作用进入食物链，直接威胁人体健康，或通过渗流作用污染地下水，然后通过灌溉水及饮用水对人体健康产生直接或间接影响。

3.1.3.3　多氯联苯

多氯联苯(PCBs)是一类以联苯或其他芳烃为原料，在金属催化下，高温氯化生成的氯代芳烃，具有良好的化学惰性、抗热性、不可燃性，对皮肤、肝脏系统、胃肠系统、生殖系统、免疫系统的病变甚至癌变都有诱导效应。土壤中的多氯联苯能够经根系吸收进入植物体，多氯联苯对植物生长的毒性影响主要表现在其萌发阶段和生长阶段。有学者研究了不同浓度多氯联苯处理对青菜发芽率的影响，结果显示：低浓度（10～100 μg/L）多氯联苯处理时促进了青菜种子的发芽；当浓度为 100 μg/L 时，促进作用表现最为显著；而处理浓度高于100 μg/L时，对青菜发芽率的促进作用表现出随着处理浓度的增加而降低的趋势。此外，还研究了多氯联苯对玉米种子发芽率的影响，结果显示：处理浓度为 1 μg/L 时，多氯联苯对玉米种子的发芽起抑制作用，处理浓度为 6 μg/L 时则刺激了发芽率，并且随着浓度的增加发芽率也增加。

3.1.3.4 石油类

石油对土壤的污染多集中于 20 cm 左右的表层，主要成分是多种烃类和其他有机物。石油中除少量成分能挥发外，大多均不能自由降解，有强烈的致癌和致畸作用，能通过食物链在动植物体内逐级富集和放大，危害极大。石油类物质进入土壤后，能直接影响植物生长。因为其黏着力强且乳化能力弱，容易黏附在土壤颗粒和植物根系表面，影响土壤的通透性，阻碍根系的呼吸和吸收功能，甚至引起根系腐烂；同时，影响土壤有机质的组成和结构，从而影响土壤微生物的生长繁殖，对土壤酶活性也有抑制作用。石油能穿透植物体内部，在细胞间隙和维管束系统中运行；由根部从土壤中吸收的石油能向叶子和果实移动，并不断积累；叶子也能吸收石油并向根部转移。研究发现，随着土壤中石油浓度的增加，玉米、大豆中总烃含量、芳烃总量、总酚含量相应增多，呈正相关；土壤中石油含量过高时，会对植物产生毒性作用，破坏植物体细胞，阻碍呼吸作用、蒸腾作用，破坏叶绿素的合成，抑制营养物质吸收和转移，造成植物的黄化甚至死亡。

3.1.3.5 农药

农药在农业的生产中发挥了重大的作用，但是也给作物带来了不少的负面影响，如果这种负面影响逐渐加深，则会导致作物出现不良反应，最终导致减产和产品品质下降，形成药害。农药对农作物产生危害的原因主要是：①使用对农作物敏感的农药，例如，玉米、大豆等对敌百虫、敌敌畏较敏感，应忌用；②用量不当，使用浓度过高或用药量过大易引起农药对农作物的危害；③在作物的用药敏感期用药，如在作物苗期、花期、幼果期及作物长势弱、耐药力弱时用药易引起危害；④受自然条件影响，如在高温、强光照射、空气干燥、相对湿度低、雨天或露水很大时施药易引起危害；⑤因使用残留期长的农药引起对下茬作物的危害，特别是除草剂对上茬作物安全，而对下茬作物产生危害；⑥因质量问题或农药混用不当等因素，危害农作物。农药引发的药害或轻或重、或急或缓，大致有以下几种症状：

(1)斑点。这种症状主要出现在叶上，有黄斑、褐斑、枯斑等。如丁草胺在水稻本田初期施用会导致褐斑，施用过高浓度的代森锰锌会使稻叶边缘形成枯斑。有时斑点也出现在茎枝和果实上，如在梨小果时施用代森锰锌易在果面产生斑点。

(2)黄化。有些农药阻碍叶绿素的合成，或阻断叶绿体的光合作用，或破坏叶绿素导致黄化。如在西瓜上施用速灭杀丁导致新梢发黄，麦田中施用的苯磺隆被吹到其他作物上导致叶面黄化等。

(3)畸形。植物的每个器官都可能出现这种药害。常见的畸形有卷叶、丛生、根肿、畸形穗、畸形果等。如高浓度的萘乙酸喷洒到番茄上会导致卷叶，不当施用2,4-二氯苯氧乙酸(2,4-D)会形成空心果、畸形果；瓜类受2,4-D药害会出现扇形叶，纯度不高的三十烷醇会使番茄嫩叶卷曲等。

(4)枯萎。这种药害一般表现在整株植物上，主要是除草剂药害。如受绿麦隆药害的西瓜苗表现出嫩叶黄化、叶缘枯焦、植株萎缩的症状；喷洒高浓度的杀虫剂会导致豆类枯焦、萎蔫、死苗等药害。

(5)生产停滞。这是不当施用生长抑制剂、除草剂导致的药害，如过量使用矮壮素使作物生长停滞。

(6)不孕。产生这类药害是因为花期用药不当，如在水稻抽穗时施用稻脚清会导致空秕粒。

(7)脱落。这类药害在果树和其他双子叶植物上易发生，包括落花、落叶、落果等。如对桃树施用水胺硫磷和花期施用氧化乐果导致落叶，或受铜制剂影响发生落叶；施用甲胺磷会引起梨树落花；不当施用乙烯利会引起山楂落果、落叶。

(8)劣果。果实出现药害可能导致果表异常、品质变劣，如受乙烯利药害的西瓜，瓜瓤呈暗红色、有异味。

3.1.4 与病虫害、药害症状区分

病虫害、药害与大气污染物引起的叶表观症状较易区分。虫害：虫害致作物受损的，叶片卷缩，伤斑处会有明显被咬的痕迹，在叶片上可见害虫、虫卵及虫粪。病害：由霉菌等真菌引起的病害，叶片覆盖有各种颜色的霉层或粉状物，霉层颜色有白色、灰色、绿色、黑色、红色等，粉状物颜色有锈色、黑色、白色等；由细菌引起的病害，叶片伤斑上可见病原菌、菌丝、混浊黏液，有时可见明显突起的孢子囊群，病斑形状大小、颜色不一，有条斑、角斑、轮纹斑、坏死斑等；由病毒引起的病害，叶片畸形或卷曲，混有碎绿，明脉，有圆形伤斑。药害：叶片褪绿黄化，出现黄色至褐色伤斑，农药浓度高时叶缘处也会出现枯斑，但伤斑形态不一样，斑点大小、形状变化大，分布无规律，无明显特点，较易区分。

病虫害危害农作物的症状与田间管理、农作物组成和季节等因素有关，与距离、风向、风力关系不大。①总体特征：病虫害往往具有发病中心，呈向四周扩散的趋势，总体上叶片斑点状态较为一致，病株具有系统性症状，在田间病株与健株混生。②分布方式：因农作物组成、病虫害类型不同，可分为均匀分布、区域聚集分布以及群体聚集分布。③种植模式：不同种植模式下，病虫害发生情况不同，如露天种植与大棚种植农作物的受害程度及受害类型通常存在明显差异，同一类种植模式下受害情况相似。④农作物种类：种植农作物结构单一，种植密度大，易发生病虫害，有些病虫害只在特定的农作物上才能发生，同一区域不同作物的受损症状有时会存在差异。

3.1.5 与肥害症状区分

缺氮等缺素症与大气污染物引起的叶表观症状较易区分。①缺氮：老叶

叶片易受害，症状出现在植株较低位置的叶子上，初期叶片尖端褪绿变黄，随后向基部扩展，但很少出现伤斑。②缺磷：叶片不同部位症状不同，上部叶片保持绿色，下部叶片叶脉泛黄，老叶还会出现中脉和主脉变红，有的病叶呈紫红色。③缺锌：脉间褪绿变黄，叶脉保持绿色，很少出现坏死斑。

缺钾等缺素症、肥害与大气污染物引起的叶表观症状相似，较难区分。①缺素症。a.缺钾：初期叶片叶尖及叶缘发黄，随后向叶内扩展，叶缘处变为褐色，甚至焦枯，受损部位与健康部位界限分明，与氟化物引起的症状类似。b.缺镁：脉间褪绿变黄，叶缘上卷，严重时出现褐色坏死斑，与二氧化硫引起的症状类似。c.缺钼：脉间失绿，出现黄绿色或橘红色伤斑，叶缘枯焦卷曲，近似二氧化硫危害症状。②肥害：含氮化肥施用过量或施用不当时会挥发产生氨气，对作物产生损害，与氨气对作物的叶片损害症状相似。施用磷肥过量，作物叶片出现褐色、焦状斑点；施用锌肥过量，作物叶尖出现褐色斑块，叶片卷曲，近似氟化物危害症状；施肥不足引起叶片部分褪色发黄，有的叶尖枯死，与氟化物引起的坏死斑相似。

①缺素症：主要与土壤质地、土壤肥力和施肥水平等因素有关，与距离、风向、风力关系不大。土壤养分充足，作物生长好，养分不足就会出现缺素症。该症状一般呈区域均匀分布特点，在同一块区域内受损症状相似。②肥害：主要与施肥方式有关。如灌溉施肥引起的肥害，受损农作物分布特点与灌溉水流的方向一致；放射状施肥引起的肥害，受损农作物分布呈放射状；撒播施肥引起的肥害，受损农作物分布呈均匀分布，与污染源距离无关。

3.2 诊断识别技术

3.2.1 野外现场勘察法

农业环境损害事件发生后，通常需在第一时间内到事故现场进行实地勘察。由于气体污染直接接触作物叶片，暴露面积大，对植物造成的损害症状较为明显，因此现场勘察法对工矿企业排放废气的污染诊断具有较高的实用性。大气中的二氧化硫、氟化氢、氯气等污染物质对作物均有一定的危害性，当这些污染物的浓度较高时，不仅作物正常的生长发育会受到影响，严重时还会发生病变甚至枯死。例如，水稻、麦子、玉米等禾谷类作物被污染物气体熏过后，叶片自尖端向下变为浅黄褐色，整片叶子逐渐枯焦，像火烧过一般。受害轻的植株，其上部的叶片尖端及边缘枯黄，或在叶子中部形成条状的黄斑。棉花、山芋、豆类、番茄、瓜类、叶菜类等植物被熏后，叶片边缘及叶脉之间出现黄褐色或黄白色的不规则斑块，受害严重的，整个叶片变黄而枯卷，有些则不久就会脱落。反观病害造成的症状，一般情况下，受损部位形状比较规则，呈圆形、卵形或椭圆形等，受害斑块有的可以见到轮纹或小黑点（孢子堆），有的可以见到白粉或霜霉状菌丝体。

气体不同，叶片受害症状也不同。例如，受二氧化硫污染后，叶片的脉间常出现褪色或坏死斑点，正常组织与受害组织之间界限比较明显。受氟化物污染后，叶片的尖端及边缘常常出现变色伤斑或坏死，受害组织与正常组织之间有一条明显的界限。氯气使叶片产生失绿伤斑，正常组织与受害组织之间常常没有明显的界限，受害严重的，整片叶子漂白。因此，根据作物叶片所表现的症状，就可以初步鉴别污染物质的种类。但受害作物的症状容易与其他病虫害、旱害、冻害、微量元素缺乏、缺肥、农药药害和自然老黄等症状相混淆，给识别气体损害增加了困难。

一般而言，气体损害植物有以下几个特点：

（1）有明显的方向性。气体危害农田的位置与当时的风向密切相关。如工厂发生事故时正值东南风，在工厂的西北方向被气体刮到的作物则受到伤害，受害面呈扇状、条带状或片状。这种分布方式与病虫害或其他原因造成的危害不同。

（2）农作物受害程度与污染源的距离有关，但需要同时综合考虑其他影响因素。一般来说，离污染源近则受害重，远则轻。特别地，如果烟囱很高，则烟囱邻近地区受害轻，甚至不受害，受害最严重的一般为距离烟囱高度10～20倍的地方。另外，如若在气体扩散过程中遇到障碍物，则障碍物后方的农作物受害程度可明显减轻或避免受害。

（3）同一受害地区，往往多种作物（甚至连同树木、田间杂草等）同时受害。这不同于病、寒等危害(此类灾害只对其中的某一种或几种作物产生影响)。在田间鉴定农作物的受害情况时,有时可以根据某些敏感度较高的田间杂草的受害情况来帮助判断。例如,藜、一年蓬、蓼等对有害气体特别敏感,在较低浓度下就会表现出受害症状;而马齿苋、野苋菜、乌蔹莓等抗有害气体的能力很强,要在较高浓度下才会出现受害症状。根据这些杂草的受害表现,可以确定气体危害的范围和程度。

然而,因为田间情况复杂多变,有时污染物对植物的影响无法通过典型的叶片症状所体现,此时就有必要对叶片内污染成分的含量进行定量测定。在正常情况下,植物体内硫的浓度一般为0.1%~0.3%(质量分数),如果测出的含硫量比清洁区高,就表明植物可能受到硫化物的污染。氟很容易被植物叶片吸收而累积,植物叶片中氟的浓度通常都在0~25 mg/kg(干重),若同一种农作物叶片中含氟量高于清洁区,就可以说植物受到了氟污染;如叶片上虽有明显的受害症状,但经分析测定植物叶片含氟量并未超标,则可排除氟污染,考虑其他因素。

为进一步证实工厂附近的农田是否受到危害,除勘察受害区域外,还应结合实际情况扩大勘察面,到周围无污染区域进行访问和观察。如果是气候因子(旱、涝、大风、低温、高温等)引起的危害,受害地区绝不会局限于工厂附近;如果是空气污染引起的,则无污染地区农田不会有类似的受害症状出现。从全年发生危害的农田情况来看,一般春、夏季节多于秋、冬季节。主要是因为春夏之际天气多变,气压低、湿度大、气温偏高,最易受害;而冬季气压高、湿度小、气温低,较难受到危害。总而言之,现场勘察和综合分析越详尽,对诊断和识别农田是否受大气污染危害越有利。

3.2.2 基于图像分析的诊断技术

近年来,科技蓬勃发展,人们生活水平日益提高,各类图像采集设备的应用也越来越普遍,如家庭用计算机、普通相机、数码相机、手机等。因此,对农业工作者来说,从户外方便地获取农作物损害的图片并进行处理,已经不是一件难事。诸多行业已经广泛使用计算机图像处理技术进行信息技术与其他领域的有效衔接，农作物污染损害鉴定行业就是其一。作物损害检测的目标是提高植物受损情况的智能识别精度和水平，采用高科技手段如图像处理技术、模式识别技术等判断植物受害状况。图像处理技术和模式识别技术广泛地应用于农业机器人、精准农业、作物生长状态监测等领域，对农作物污染诊断识别方面的研究有很好的借鉴作用。

植物受到污染损害后，会在一定程度上改变其新陈代谢过程，这种改变会造成植物细胞和植物外部形态的改变，而且绝大多数会引起全身症状。尽管症状是多种多样的，但较为严重的污染损伤绝大多数都会通过叶片症状得以表现，叶片的颜色、形状、纹理会发生变化。但污染损害的种类不同，这些损害症状也会有所不同，包括不同的斑点颜色、纹理及形状等外部特征。结合植物叶片表观的受害症状，将先进的图像分析与处理技术、模式识别技术引入农业污染损害领域，利用图像分析技术识别与诊断由污染所致的作物损害图片，可在获取损害叶片图像的同时显示出污染类型、污染程度与处置方法。

图像识别技术的主要过程包括植物损害图像分割、损害图像特征提取和损害识别三个方面。其中植物损害图像分割就是把图像分成若干个特定的、具有独特性质的区域并提取出感兴趣目标的技术和过程，它是由图像处理到图像分析的关键步骤。现有的图像分割方法主要有以下几类：基于阈值的分割方法、基于区域的分割方法、基于边缘的分割方法以及基于特定理论如聚类的分割方法等。损害图像特征的提取包括基于颜色特征的特征提取、基于纹理特征的特征提取、基于形状特征的特征提取、基于光谱特征的特征提取等，植物病害颜色特征常采用基于红绿蓝（RGB）的颜色特征，但通常识别率不高且算法运行时间长；纹理特征常采用共生矩阵或小波纹理特征，但单一的特征将影响植物病害的正确识别率和效率；由于植物病斑形状不规则，且没有统一的有效形状特征，通常通过几个常用形状特征进行分析比较才能得出合适的形状特征值。在植物损害识别技术方面，多数研究者基于分类器的识别技术进行研究，基于分类器的识别是利用构造好的损害类型分类器对未知样本进行识别，基于分类器的识别技术包括支持向量机识别模型、神经网络模型、统计分类模型等。

目前基于图像的分析诊断技术多用于植物病害识别方面。一些污染损害导致的植物病态行为同样具有明显的叶片表观特征，因此可以使用图像分析技术手段对污染损害进行诊断与识别。

3.2.3　基于光谱成像技术的植物检测

光谱成像技术是新兴技术，是基于成像学和光谱学发展起来的。它最早出现在陆地卫星(LandSat)上，由于选择某些颜色的滤波片成像对于提高对农作物以及大气、海洋、土壤等的辨别能力大有裨益而被用于对地球的成像。普通成像技术只是获得肉眼所见的红、蓝、绿三色图像，而光谱成像技术却能获得每张图像的每个像素点的高分辨率光谱。多光谱成像技术广泛应用于仪器仪表工业、手工业、工业通用技术及设备、武器工业与军事技术以及电力工业等领域中，近年来，也越来越多地被应用于农业检测领域。除多光谱成像技术以外，还有高光谱成像技术。高光谱图像是指光谱分辨率在10数量级范围内的光谱图像。通过搭载在不同空间平台上的高光谱传感器，即成像光谱仪，在电磁波谱的紫外线、可见光、近红外线和中红外线区域，以数十至数百个连续且细分的光谱波段对目标区域同时成像。在获得地表图像信息的同时，也获得其光谱信息，第一次真正做到了光谱与图像的结合。与多光谱遥感影像相比，高光谱影像不仅极大地提高了信息丰富度，而且在处理技术上，为对该类光谱数据进行更为合理、有效地分析处理提供了可能。因而高光谱成像技术所具有的影响力及发展潜力，是其他技术不可比拟的，不仅引起了遥感界的关注，而且也引起了医学、农学等其他领域研究者的极大兴趣。

在农产品检测领域方面，光谱成像技术的应用已十分广泛，有学者利用405 nm的激光照射猕猴桃样品，用高光谱成像系统对诱导处的荧光散射成像，提取出12个感兴趣区域在波长400～1000 nm范围内的特征变量，建立了猕猴桃糖度多元线性回归模型。还有学者利用多光谱成像技术结合可见-近红外光谱分析技术，检测鸭梨损伤随时间及程度的变化，并且成功预测鸭梨受损天数，实现了鸭梨损伤的快速检测。还有学者通过采集4个等级的西湖龙井茶的特征波段的多光谱图像，根据其形状特征和纹理特征，建立区分模型，成功实现样本的有效区分。此外，有学者以梨为研究对象，提出了在900～1100 nm处利用近红外图像处理技术对梨的轻微损伤进行检测，并成功通过原始图像的灰度分布分析，检测出梨的轻微损伤状态，其结果显示背景和果体的小区域灰度值是150，正常部位和轻微损伤部位的灰度值在200～220。基于光谱成像技术的检测技术综合了光谱技术和成像技术的优点，既能够运用光谱分析技术，提取植物的特征波长，还可以运用图像处理技术，从图像中找到病害部位，提取图像特征是一种较为全面、准确的植物损害识别技术。

在农作物污染损害识别和诊断中可采用光谱图像对目标污染对作物的损害区域分布进行样品图像采集，选取感兴趣的波段，建立对应数量关系，进而确定植物的污染损害类型与损害程度。

3.2.4 高光谱遥感技术

3.2.4.1 高光谱遥感技术原理

遥感的英文是“remote sensing”，即“遥远的感知”，其作为一门综合技术，是1960年由美国学者率先提出来的。为了较为系统地描述此类技术和方法，将遥感定义为“远距离非接触式获取目标特征信息的技术”。其科学含义一般是指不实际接触物体，通过远距离运用传感器（遥感器）探测物体对电磁波的辐射、反射特性，以数字量的形式客观地收集、记录、传输、处理和重现这一信息，并根据其特性对物体的性质、特征和状态进行分析的理论、方法和应用的科学技术。广义的遥感泛指一切无接触的远距离探测，包括对电磁场、力场、机械波（声波、地震波）等的探测；狭义的遥感是指应用探测仪器，不与探测目标相接触，从远处把目标的电磁波特性记录下来，通过分析揭示物体的特征性质及其变化的综合性探测技术。光谱遥感的分类是根据光谱分辨率区分的。一般认为，多光谱遥感是指光谱分辨率在$10^{-1}\lambda$数量级范围内的遥感，高光谱遥感是指光谱分辨率在$10^{-2}\lambda$数量级范围内的遥感，而超光谱遥感是指光谱分辨率在$10^{-3}\lambda$数量级范围内的遥感。高光谱遥感通常具有波段多的特点,其数据为每个像元可以提供几乎连续的地物光谱曲线,在可见光到短波红外波段其光谱分辨率高达纳米数量级,光谱通道数多达数十甚至数百个,而且各光谱通道间往往是连续的,因此高光谱遥感又通常被称为成像光谱遥感。高光谱分辨率成像光谱遥感,将成像光谱技术应用于遥感,可以从一个给定观察区域中的像素中获取所对应地物的精细光谱特性,通过分析处理光谱曲线,实现对地物的鉴别及其环境的分析。

地面植物具有明显的光谱反射特征,植物的波谱特征不同于土壤、水体和其他的典型地物,其主要取决于叶片光谱。植物的光谱反射或发射特征是由其化学和形态学特征决定的,这种对电磁波的响应特征与植物的发育、健康状况以及生长条件有着密切联系。传统的宽波段遥感数据可用于分析植物一般性的红光吸收特征和近红外的反射特征,以及中红外的水吸收特征。由于受到波段宽度和波段数的限制,该方法往往对土地覆盖类型不敏感,对植被长势等的反映不理想。植物的光谱反射率曲线具有显著的特征,不同的植物以及同一种植物的不同生长发育阶段,正常生长的植物和由于受污染侵扰的植物,其光谱反射率曲线的形态和特征均不同。

健康绿色植物的光谱反射率曲线也有受到不同植物特性所支配的独特性状。在可见光部分,光谱曲线形状受到叶绿素和其他色素的吸收效应控制,并在叶片内部细胞结构之间的相互作用下形成了高的近红外反射率。在植被指数中,通常选用被绿色植物(叶绿素引起的)强吸收的可见红光波段(600～700 nm)以及被绿色植物(叶内组织引起的)高反射和高透射的近红外波段(700～1100 nm)多光谱遥感数据。经分析计算(包含加、减、乘、除等线性与非线性运算),产生某些对植被长势、生物量等有一定指示意义的数值,即所谓的“植被光谱指数”。它仅用一种简单而有效的形式——光谱信号,不需要其他辅助资料,也没有任何假设条件,来实现对植物状态信息的表达,定性和定量地评价植被覆盖、生长活力及生物量等。可见红光波段和近红外波段不仅是植物光谱与光合作用中的重要波段,而且它们对同一生物物理现象的光谱响应截然相反,形成明显的反差,并且这种反差随着植被冠层结构以及植被覆盖度的变化而变化,因此可以利用这两个波段的比值、线性或者差分之类的计算组合来增强光谱数值间的差异,并揭示隐含的植被差异信息。

3.2.4.2 高光谱遥感技术应用于农作物重金属检测

基于高光谱遥感技术的重金属识别功能对重金属污染进行监测与识别的传统方法以化学检验为主,但监测范围有限,费时、费力。大量研究表明,植被受到重金属污染胁迫会引起光谱特征的波动,遥感技术特别是高光谱遥感技术能够对大范围农作物重金属污染胁迫状况进行快速、高效、无损的识别,具有巨大的潜在应用前景。植物化学成分的相应光谱波段的吸收、反射以及透射特征都可以利用高光谱辐射仪的高光谱分辨特性进行探测,这就为探测生长在重金属污染土壤上的植物的化学成分提供了可能,即为实施监测受重金属污染的作物的生态效应提供了一种新型技术途径。每种作物的连续光谱信息都可以通过高光谱数据得到,作物成分反演和作物识别也可以通过分析作物光谱特征来实现,最终达到快速、动态、准确地识别和监测农田作物重金属污染的效果。水稻、玉米、小麦和白菜等作物在人工染毒高浓度重金属铅、铜、锌条件下对高光谱反射率响应具有特征的变化。重金属浓度变化与所提取的光谱特征之间存在极显著相关关系,归一化植被指数以及“红边”位置可以作为水稻重金属污染遥感监测模型的光谱特征参数。锌污染胁迫下水稻的光谱奇异性特征可用于诊断水稻锌污染水平。从高光谱遥感数据中提取镉污染弱信息可获取水稻镉污染敏感光谱因子,利用敏感因子可构建水稻镉污染一维诊断模型,获得较好的诊断效果。一种基于可见光-近红外光谱小波分析技术的快速识别和估算水稻镉污染的方法,可探测自然环境下水稻镉污染胁迫状况。通过研究受镉污染胁迫水稻生理生态参数变化的高光谱响应特征可揭示作物污染胁迫遥感信息机理,分析镉污染胁迫水稻生理生态参数,如叶片色素含量、水分含量、细胞结构和叶面积指数等与潜在敏感光谱遥感指数的响应关系。通过分析受不同重金属污染胁迫的水稻的光谱特征变化规律,发现波长范围在550～750 nm的波段吸收谷特征参数与叶绿素含量具有较高的相关性。以上研究通过监测植被受重金属污染胁迫后的光谱响应特征进行土壤污染程度和作物胁迫水平的模拟,在理论、模型和应用效果等方面都取得了一定的进展,证明了利用遥感技术开展大范围农作物重金属污染胁迫研究及农田污染检测的有效性。

3.2.5 实验室毒理方法

进入农业环境中的污染物种类多，不同污染物的来源复杂，污染路径也不相同，针对农作物受损症状的诊断识别方法研究较少，除了以上可以借鉴的方法外，最为常用的是实验室毒理方法，这种方法适用于重金属、有机物等污染物污染损害的研究。实验室毒理方法中最常见的是生物模拟实验，即在弄清污染物、污染受害症状并建立了因果关系的基础上，为了进一步说明其受害的专一性而进行的验证工作。生物模拟实验也可以作为污染物筛选和排查的一种辅助手段，在污染损害事件中有着广泛应用。

植物早期生长试验、种子发芽试验、根伸长抑制试验都是农作物常用的毒理试验方法。植物对污染物产生毒性响应的生理生化指标主要有酶活性、生物量、根伸长情况、发芽率、叶绿素含量等，其研究手段主要包括土壤栽培（包括室外大田试验和室内栽培）、水培、滤纸法等，从污染物的剂量-反应关系探讨污染物在植物体内的迁移、积累、转化规律以及作物损害行为的特点。农田环境中农作物发生污染损害后，根据周边环境判断大概可能的污染源，结合实验室中实验毒理指标参数值判断实际环境中农作物污染损害的原因，同时结合现场采样，对样品进行检测，最终对污染原因进行定量确诊。

3.3 损害鉴别

植物病害主要是指植物在其正常的生长发育过程中遭遇不良的环境条件刺激，或受到其他寄生物的侵害，使植物的正常发育受到干扰和破坏，从而导致植物生理和组织结构上发生一系列的反常变化，最终造成作物产量降低、品质变劣，影响其使用价值的现象。植物的病害属于侵染性病害，此类病害更具传染性和破坏性，可以进行再侵染，造成病害的传播，如稻瘟病、黄瓜青枯病、油菜菌核病、辣椒疫病等。传染性病害分为细菌类、真菌类和病毒类，其中农作物以真菌引起的病害最多。然而污染物导致的农作物损害属于非侵染性的损害，这种由污染物导致的作物损害行为不具有传染性。作物受到危害时，需进行初步诊断，确定是病虫害还是污染损害。

若发生虫害，能在生物体上发现虫体、危害症状或排泄物；若初步已确定为虫害，还需明确虫害种类。或者根据植物的被害症状判断害虫的口器类型，也可依据昆虫的排泄物或虫粪判断害虫类型，针对不同的害虫再采取相应的方法进行防治。衡量植物病害有两个标准：一是病害必须有一定的病理程序，即植物染病后，首先会引起生理功能的改变，然后导致组织结构的改变，最后发病植物外观显现出病态症状，而且这些病变均有一个逐渐加深、持续发展的过程；二是病害必须造成损失，即植物病害发生后，其本身所表现的非正常状态称为病状，其类型大体上可分为变色、斑点、腐烂、萎蔫、畸形5类。其中变色是指植物病部细胞内的叶绿素的合成受到抑制或者直接被破坏，以及其他色素形成过多而表现出非正常的颜色；斑点是指植物病部局部细胞和组织坏死，但未发生解体，此种情况下形成样式不一的坏死斑点；腐烂是指植物病部整个组织和细胞被破坏而发生彻底消解；萎蔫是指植物失水导致的枝叶凋萎下垂的现象；畸形则是指植物发病后，病原物产生的激素或毒素类物质的刺激导致的植物异常生长现象。植物病征类型主要有产生霉状物、粉状物、颗粒状物、线状物和脓状物。这类病害一般都具有传染性，在田间发生时，一般呈分散状，是一种典型的、显而易见的、由点到面的过程，即由一个发病中心逐渐向四周扩大的发展过程。某些田间病害的发生还与昆虫有关。判断一种病害是否为侵染性病害应主要从以下几个方面切入：一是真菌性病害。真菌侵染植物引起的病害是植物最常见、最普遍的病害类型，通常会在寄主受害部位的表面或迟或早地出现霉、粉、锈、菌核等病征。一般可根据病原菌的形态特征，判断病菌的种类。二是细菌性病害。其主要表现为斑点、腐烂、枯萎、畸形等病征，不如真菌病害明显。细菌性病害发病初期，绝大多数病部呈水渍状，之后缓慢扩散，边缘周围出现半透明的黄色晕圈，到后期逐渐有菌脓溢出。三是病毒性病害。此种病害会使植株出现变色、畸形、黄绿斑驳状花叶等症状，不会出现病征，容易同非侵染性病害相混淆，判断的关键在于看病株在田间的分布状况。如果病株在田间比较分散，病株四周有健康的植株，则可判断是病毒病害。此外，田间病害发生时间也有利于判断，一般各农田非侵染性病毒病害的发生时间较为一致。四是线虫及寄生性种子植物引起的病毒害。在感病组织上可以检查到病原线虫或寄生性种子植物，比较容易与其他几种侵染性病毒病害区别开来。

而污染物导致的作物损害属于非侵染性损害，此类损害一般具有以下特点：①大面积同时发生，田间分布比较均匀，但受地形、地势影响；②没有病征；③田间没有明显的发病中心，没有从点到面的扩散过程，没有传染性；④损害的发生与周围环境条件（包括可疑污染源）密切相关，当疑似污染源受到有效控制后，病状可逐渐消失甚至恢复到正常状态。污染物导致的作物损害最明显的特点是有污染物排放源，农业环境周边的企业工厂可能会排放重金属、有机污染物、大气污染物等，公路运输则会排放粉尘、尾气或公路运输中的污染物泄漏，农业环境中的人畜粪便垃圾、固体堆放等都是污染源。由于污染源释放污染物的途径不同（大气沉降、污水灌溉），释放强度不同，作物因污染物损害表现出的症状也不同。对于突发性、急性污染事件，较容易判断污染源；对于慢性污染事件，作物表观症状不明显，且易与侵染性病害混淆，一般需要进一步诊断或检测加以确诊。

除此以外，因作物营养元素缺乏而发生的病害，其症状有时与污染损害的症状相似，作物营养元素供应不足或过多时，表现的特征症状称为缺素症或中毒症。根据叶片形态变化来诊断营养元素缺素症一般有三个着眼点，即叶片大小和形状、失绿部位、颜色反差。例如，植物中缺乏微量元素锌会导致叶片窄小，位于枝或茎顶端的叶片向上直立而呈簇生（丛生）状。缺乏其他微量元素时叶片大小正常，没有小叶出现。对于失绿部位而言，缺镁、缺锌、缺锰的叶片只有叶脉间失绿，叶脉及附近部位仍然保持原有绿色。而缺铁时表现则相反，即只有叶脉本身保持绿色，叶脉附近全部失绿，严重缺铁时，较细的侧脉也会失绿。此外，对比缺镁、缺锌、缺钙的叶片失绿部分与未失绿部分，其颜色深浅相差很大，反差强烈。

污染物损害导致的受害作物的表观症状与营养缺素症状相似，同时也存在差异。由于营养元素在植物体内的移动是不一样的，作物受害时出现症状的部位存在不同。在作物体内移动性强的营养元素缺乏时，老叶最先表现出受害症状，新叶开始不表现出受害症状。移动性弱的营养元素缺乏时，受害症状首先在新叶中出现。虽然作物缺钾时表现出的症状和受氟污染时的症状比较相似,但可以通过新叶和老叶的差异进行判断。因此,针对污染物所致的作物受害行为,一般要排除侵染性损害与非侵染性损害中的干旱、冻害、肥害、缺素等因素,经过综合判断后才能得出准确的结论。

第4章　农业环境损害溯源技术

【内容提要】 损害溯源能够明确损害来源和途径，研究不同损害源的贡献率，对损害因果关系判定、责任的确定与划分、恢复方案的选择起着关键作用。本章主要介绍了常用的损害溯源方法：一是基于检测的污染溯源技术，包括指纹图谱技术（矿物元素指纹图谱分析技术、近红外光谱分析技术、三维荧光光谱分析技术、核磁共振光谱分析技术、色谱分析技术、质谱指纹分析技术）、同位素示踪法、微生物溯源、显微分析法、化学质量平衡法等；二是基于数据统计的污染溯源技术，包括统计分析（因子分析、聚类分析、层次分析）、概率方法、溯源模型等；三是基于其他辅助资料的污染溯源技术，包括水文、气象资料，地理信息系统（GIS）技术等。本章能够帮助本书的使用人员熟悉相关理论，并运用于实际损害溯源过程。

4.1　基于检测的污染溯源技术

以污染受体及污染介质为研究对象，追溯污染源，即为污染溯源。污染溯源可确定污染物的来源和途径，研究不同污染源对损害的贡献率，对污染损害因果关系判定、责任的确定与划分、治理方案的选择起着关键作用。筛选污染物是污染溯源的首要环节，污染物检测技术的快速发展使快速确定污染物成为可能。利用物理、化学、生物学等检测手段对污染物或污染受体的化学成分、同位素含量与比率、DNA 组成等进行分析，筛选出目标污染物，结合排放清单及现场调研等人工分析手段，可追溯污染路径及污染源。基于检测技术的污染溯源技术具有样本量小、灵敏度高、分析速度快的特点。

4.1.1 指纹图谱技术

指纹图谱技术是指将某种复杂物质，经过适当处理后，采用相应的仪器分析得到能够表示其化学成分特征的图谱（光谱、色谱、质谱等）。指纹图谱技术目前多应用于药品成分分析、食品质量安全溯源等领域，随着污染损害事件频发，越来越多地应用到了污染溯源中。指纹图谱技术根据所用仪器类型主要分为以下几种。

4.1.1.1 矿物元素指纹图谱分析技术

矿物元素的组成和含量被认为是有效的作物产地溯源指标。不同地域的土壤、水、废弃物以及空气中的矿物元素组成及含量都有其各自的特征图谱。生物体不断从其所在生境（水体、土壤或空气）中累积各种矿物元素，因此不同地域来源的生物体中矿物含量与当地环境中的矿物元素有较强的相关性，也具有典型的指纹特征。通过比较作物或其组分中矿物元素的组成和含量差异可鉴别其产地来源。常用于测定矿物元素含量的仪器有原子吸收光谱仪、原子荧光光谱仪和等离子体质谱仪。

目前，国外许多研究已经证实，矿物元素指纹分析技术可用于葡萄酒、茶叶、橄榄油、水果、马铃薯、洋葱等植源性食品的产地鉴别中，效果也较为理想。国内因起步较晚，利用矿物元素鉴别农作物原产地的研究领域相对较窄，目前已进行的相关研究领域有大米、小麦和茶叶等产地来源的鉴别。

4.1.1.2 近红外光谱分析技术

近红外光谱分析技术是利用化学物质在近红外光谱区内的光学特征，快速测定样品中一种或多种化学成分含量和特征的物理检测技术。不同化学键或官能团对光的吸收频率不同，其响应信号在近红外光谱上处于不同位置，从而可以利用近红外光谱分析技术获得分子中含有哪一种化学键或官能团的信息。近红外光谱分析技术的光谱信息来源于分子内原子的 C—H、

O—H、N—H 和 S—H 等含氢基团的伸缩、振动、弯曲引起的倍频和合频吸收。它不仅可以用于产品组分的品质控制和定量分析，还能利用光谱所反映的组成和结构信息进行定性判别。近红外光谱分析技术具有快速、简便、无损伤、无污染等优势，因此在茶叶、药材、橄榄油和肉类等产品的溯源研究中广泛应用。

4.1.1.3 三维荧光光谱分析技术

三维荧光光谱(3DEEM)分析技术是荧光光谱分析技术的一种，是近几年新兴的一种水体有机污染物检测技术。它不仅能够获得激发波长和发射波长同时变化时的荧光强度信息，还能够对多组分复杂体系中荧光光谱(发射/激发，Ex/Em)重叠的对象进行光谱识别和表征，因其直观、灵敏度高、重复性好等优点，成为一种很有效的光谱指纹分析技术。近年来，国内学者也越来越多地将其用于各种天然水体的溶解性有机质的研究。

荧光光谱是在波长范围内扫描样品，将激发波长、发射波长和荧光强度画在同一个三维图中，建立一个光学空间"地图"。大量的荧光光谱数据用于三维荧光矩阵，可以得到荧光组分的荧光峰位置，并可以将其进行归类。荧光比紫外可见光吸收敏感，荧光光谱与紫外可见吸收光谱相比，能够显现出更多关于化学组成成分的细节信息。荧光光谱具备干扰少、灵敏度高、选择性好的优点，浓度较低的荧光化合物也能够很好地识别和分析，尤其适用于分析含有芳香氨基酸、维生素(维生素 A 和维生素 B_2)的等荧光物质。与其他研究方法相比，荧光光谱分析技术同样具有灵敏度高、选择性高、信息量高、所需样品量少且不破坏样品结构的优点。

4.1.1.4 核磁共振光谱分析技术

核磁共振光谱分析技术是分析和结构鉴定的一种有效手段，能够分析出丰富的化合物信息，在食品溯源中逐渐得到广泛应用。该方法具有分析简便、光谱稳定性好、获得信息准确的优点，但因仪器价格昂贵、操作比较复杂、灵敏度较低等缺点，在实际应用中受到限制。目前核磁共振光谱分析技术在牛奶及肉制品等的掺假及产地溯源鉴别上均有应用。

4.1.1.5 色谱分析技术

气相色谱是仪器分析中常用的分析设备，常用于分析挥发性与半挥发性物质，广泛应用于工农业、国防、建设、科研等领域。污染物中的可挥发性成分类型与特定的地域密切相关，因此可作为污染物地域来源的特征性指标。在污染物溯源中，经常利用气相色谱法或气质联用(GC-MS)的方法分析污染区域中化合物的组成和含量，鉴定污染物的来源。气相色谱法具有分析速度快、灵敏度高、选择性好等优点，但它只适用于沸点低的样品成分分析，而且加工工艺和储藏方式的改变会造成污染物质挥发性成分的变化，最终致使结论的准确性降低。利用气相色谱质谱联用法对污水厂中的污染物进行溯源测定可获得较好的结果。

高效液相色谱法(HPLC)的优点是分离性能高、稳定性好，可有效分析环境中的蛋白质、氨基酸、苯系物和抗生素等多种成分，为污染物来源鉴别提供参考指标。但是 HPLC 的不足之处在于分析样品前处理时，溶剂消耗量大，而且需要寻找合适的提取分离技术。即便如此，HPLC 在实际应用中依然较为广泛，利用固相萃取-高效液相色谱仪可实现污水中抗生素的溯源回归。

4.1.1.6 质谱指纹分析技术

质谱指纹分析技术是基于物质化学组分的离子质荷比大小和相对强度不同而形成的不同的谱图，并且通过与标准谱图比对，对物质进行定性和定量分析的技术。目前比较常用的质谱溯源技术有稳定性同位素比率质谱技术(IRMS)和电感耦合等离子体质谱技术(ICP-MS)两种。

稳定性同位素是生物体(包括食品)的一种自然指纹，稳定性同位素溯源主要是基于同位素的自然分馏效应。生物体在与外界环境进行物质交换时受到气候等因素的影响，会导致生物体内的同位素发生自然分馏，从而导致不同来源的生物体内的同位素自然丰度存在明显的差异，这种差异能够间接反映生物体所处的环境。IRMS 具有安全、无污染的特点，并且可获得准确可靠的结果，因此被广泛应用于生态环境、地质、食品掺假及产地溯源等研究领域。但是因其使用设备相对昂贵，分析成本较高，限制了此种方法的广泛应用。

ICP-MS具有快速、高灵敏度的特点，而且它的技术比较成熟，可以同时获得多项元素的信息。该分析方法可以用于测定样品中的痕量或超痕量元素含量，并且还可以根据分析样品中元素组成的特征性指纹图谱，追溯到污染物的来源。目前该技术在葡萄酒、牛肉等食品产地鉴别、重金属污染物的溯源等方面得到了不同程度的应用。

高效液相色谱-质谱联用技术（HPLC-MS）以高效液相色谱作为分离系统，质谱为检测系统。样品在质谱部分和流动相分离，被离子化后，质谱的质量分析器将离子碎片按质量数分开，经检测器得到质谱图。液质联用体现了色谱和质谱优势的互补，将色谱对复杂样品的高分离能力与质谱高选择性、高灵敏度及能够提供相对分子质量与结构信息的优点结合起来，在药物分析、食品分析和环境分析等许多领域得到了广泛应用。

4.1.2　同位素示踪法

同位素示踪法是利用放射性同位素或经富集的稀有稳定同位素作为示踪剂来示踪污染源中元素的迁移转化过程，其原理基于自然界中元素的稳定同位素和放射性同位素的理化性质大多相同。污染溯源中常用的同位素示踪方法有铅同位素示踪法、锶同位素示踪法以及放射性核素示踪法等。

铅（Pb）在自然界中一共有4种稳定的同位素：^{208}Pb、^{207}Pb、^{206}Pb和^{204}Pb。其中^{208}Pb、^{207}Pb、^{206}Pb分别是^{232}Th、^{235}U、^{238}U衰变的终产物，因此它们的丰度随时间不断增加；至今未发现^{204}Pb有放射性母体，因此可以认为其丰度保持不变。铅同位素（^{208}Pb、^{207}Pb、^{206}Pb、^{204}Pb）因其质量数大，相对质量差小，在地球化学过程中一般不因所在系统的温度、压力、pH、氧化还原电位（Eh）和生物等作用而发生分馏，只与源区初始铅含量及形成时间有关。不同铅污染源铅的同位素丰度值存在差异，因此在环境污染研究方面，常常利用铅同位素这种特殊的“指纹”特征来示踪铅污染的来源。铅同位素示踪法已在重金属污染来源判别方面得到广泛应用。

锶（Sr）在自然界中也有4种同位素：^{84}Sr、^{86}Sr、^{87}Sr、^{88}Sr。其中^{87}Sr由

^{87}Rb经β衰变而来，因此它的含量随时间延长而增加。由于^{87}Sr是放射性成因同位素，^{86}Sr为稳定同位素，且一般不因物理或生物过程发生分馏作用，故在污染物的溯源过程中，常采用$^{87}Sr/^{86}Sr$同位素示踪法进行污染物的溯源示踪。

除了铅和锶同位素示踪法外，锌、镉、钕等同位素示踪法以及放射性核素示踪法也较广泛地应用于环境污染物溯源方面的研究。

4.1.3 微生物溯源

微生物溯源(microbial source tracking，MST)是通过比较污染样品与可能的污染源中污染指示微生物的差异或其生物标记物的有无来判断污染样品和可能污染源之间存在的联系，从而确定污染来源。该方法是以环境微生物学、生态学和遗传学的相关知识为理论依据，用分子生物学技术识别环境中样品的源特征，进而确定受污染水体微生物来源的新方法。微生物溯源追踪方法主要分为库依赖法和非库依赖法两类。库依赖法主要是依赖已知源指标物的特征数据库，将库数据与未知源指标物进行对比来判断污染物来源。它是菌株水平的分析，通过将不同污染环境中分离的菌株进行培养，并根据菌株之间存在的亚属特征或统计方法进行匹配，确定相应的污染源类别。库依赖法常用的指标物有大肠杆菌、粪大肠菌等。常通过表型法或基因型法，使指示菌的生物特征表现出来。与库依赖法不同，非库依赖法是一种更加精确、快速定位污染源的方法。它是利用生物特异的基因标志物检测样品 DNA，判断该样品中是否存在该生物种属污染，是一种分子水平的分析。当出现污染时，可通过检测与污染源相关的基因标志物来判断污染源。非库依赖法首先解决的是确定不同生物种属的特异性分子标志物，这些分子标志物与特定的生物来源具有极强的关联性。常用的非库依赖法有基于大肠杆菌特异性基因的 PCR-DGGE(聚合酶链反应-变性梯度凝胶电泳)非培养建库微生物溯源法、拟杆菌目生物标记微生物溯源法和线粒体溯源法等方法。

4.1.4　显微分析法

显微分析法是根据颗粒物粒子的大小、颜色、形状等特征，结合污染源的标志物构成来判断污染物来源。到目前为止，光学显微镜（OM）、透射电子显微镜（TEM）、扫描电子显微镜（SEM）、计算机控制扫描电子显微镜（CCSEM）等是较为常用的显微分析仪器。在大气颗粒物污染中，可以使用该方法对受污染区域的颗粒物进行分析，确定颗粒物类型，并与周围排放源所排污染物进行比对，确定污染源。

4.1.5　化学质量平衡法

化学质量平衡（CMB）法是根据质量守恒定律，将各污染源的污染物质乘以消耗系数，再进行线性组合，得到污染区域污染物质成分谱的一种方法。它是一种受体模型，由于原理简单、物理意义明确，能够定量给出主要污染源的贡献率，成为目前实际工作中非常实用的受体模型，因此CMB法被广泛应用于污染物的溯源分析中。

CMB模型是由一组线性方程构成的，其物理意义是每种化学元素的受体浓度等于源成分谱的元素含量值和源贡献浓度值乘积的线性加和。CMB模型主要基于以下假设：①各类源排放的颗粒物的化学组成相对稳定；②各种化学物质之间没有发生化学反应，并且能够线性加和；③所有对受体贡献较大的源都包含在内，并且有各自的排放特点；④源或源分类数小于或等于化学物种数。CMB模型的这几种假设在实际应用中很难完全满足。模型需要的数据主要是颗粒物中各种化学物质的环境浓度 C_i 和它们在每个源贡献浓度中的份额 F_{ij}。在受体上测量的总物质浓度 C 就是每一源类贡献浓度值的线性加和。

$$C = \sum_{j=1}^{J} S_j \tag{4.1}$$

式中，C——受体大气颗粒物的总质量浓度（μg/m^3）；

S_j——每种源类贡献的质量浓度(μg/m³);

J——源类的数目,$j=1,2,\cdots,J$。

如果受体颗粒物上的元素 i 的浓度为 C_i,那么式(4.1)可写成:

$$C_i=\sum_{j}^{J}F_{ij}\cdot S_j\ (i=1,2,\cdots,I,j=1,2,\cdots,J) \tag{4.2}$$

式中,C_i——受体大气颗粒物中元素 i 的浓度测量值(μg/m³);

F_{ij}——第 j 类源中元素 i 所占的份额(%);

S_j——第 j 类源贡献的浓度计算值(μg/m³);

J——源类的数目,$j=1,2,\cdots,J$;

I——元素的数目,$i=1,2,\cdots,I$。

只有当 $i\geqslant j$ 时,式(4.2)的解才为正。源类 j 的分担率为:$\eta=(S_j/C)\times100\%$。

化学质量平衡法计算简单,但首先需要知道各种源的排放物中各化学成分的相对含量 F_{ij},这就需要在特定条件下对各种源的排放物进行大量的实际测量。

4.1.6 其他方法

除了上述方法外,溯源监控和环境质量评价等方法在污染溯源中也有着广泛的应用。

溯源监控是在排放口与周围环境中布设检测点,并对特征数据进行监控。众所周知,我国城市污水中经常混有工业废水,而工业废水中往往含有有毒有机物、有毒无机物和重金属等有毒物质。如果在进入污水处理厂前没有预警监测,一旦一定量的有毒物质进入污水处理厂,将使受纳污水处理厂活性污泥系统崩溃,对污水处理厂造成严重的经济损失和新的环境污染。因此,构建城市污水管网有毒物质溯源监控系统,对污水管网进行信息管理、监控以及水质溯源分析至关重要。

环境质量评价是对环境中的污染物进行检测评价,从而得到不同污染物的含量和首要污染因子,并进一步锁定污染源的类型和位置。国内很多学者对环境中污染物的环境质量评价进行了研究。

4.2　基于数据统计的污染溯源技术

4.2.1　统计分析

4.2.1.1　因子分析

因子分析法(factor analysis,FA)是从研究变量内部相关的依赖关系出发,把一些具有错综复杂关系的变量归结为少数几个综合因子的一种多变量统计分析方法。它是根据实测变量间的相互关系,运用数学变换,将多个变量转变为少数几个线性不相关的综合指标,达到用数量较少的有代表性的因子说明从众多变量中所提取的主要信息,从而简化数据处理过程的目的。因子分析法不需要考虑研究区域的气象条件,也不需要事先设想污染源的结构、数目和污染物质的降解情况;而且因子分析法通过分析受体样品的物质成分及含量,可以得到样品信息间的相关性,进而寻找能够代表原样品信息公共因子以及各个因子的分担率。因此,因子分析法已成为颗粒物源解析的重要手段之一。

4.2.1.2　聚类分析

聚类分析(cluster analysis,CA)是依据研究对象之间的相关重叠性质进行聚类的统计分析方法。该法根据研究样品之间的亲疏关系,找出一些能够度量样品之间相似程度的变量,并以这些变量为分类依据,根据它们关系的密切程度进行分类。进行聚类分析时,描述分析样品的亲疏程度通常有两个途径:一是把任一样品或变量看成是多维空间上的一个点,在多维坐标中,定义点与点、类与类之间的距离,用点与点之间的距离来描述样品或变量之间的亲疏程度;二是计算样品或变量间的相似系数,用相似系数来描述样品或变量之间的亲疏程度。聚类的目的是根据已知数据计算各样品之间亲疏关系的统计量，可根据最短距离法、最长距离法、中间距离法和重心法等方法，使同一类内的差别变小，而类与类之间的差别变大，最终观察样品或变量分类情况。

4.2.1.3 层次分析

层次分析法(analytic hierarchy process，AHP)是将污染问题的有关元素分解成目标、准则、方案等层次，用一定标准对人的主观判断进行客观量化后进行定性或定量分析的一种决策方法。该方法是在对复杂污染问题的本质、影响因素以及各因素间的内在关系等进行深入分析后，构建一个层次结构模型，然后利用较少的定量信息，把问题解决方法的思维过程数学化，从而为求解多目标、多准则污染物结构特性的复杂问题提供一种简便的决策方法。

4.2.2 概率方法

概率方法包括贝叶斯方法和耦合概率密度方法等，其中贝叶斯方法是目前概率方法中运用范围最广且理论最成熟的方法。贝叶斯方法是基于概率统计的反演方法。在反演体系中，反问题的解被认为是由贝叶斯公式计算得到的后概率密度函数。该方法能较好地处理由测量数据的不确定性带来的反演的非唯一性问题。通过建立贝叶斯推理模型，并利用马尔可夫链蒙特卡罗(MCMC)抽样方法获得参数后检验概率分布，进而进行参数的随机更新提取，实现了水动力-水质耦合模型下点源强度与位置联合识别。耦合概率密度方法涉及污染物正向浓度概率密度与逆向位置概率密度。在污染物溯源过程中，污染物位置的可能性大小可用概率密度函数来表示。污染物溯源是污染物浓度分布的反问题，因此可以将描述污染物浓度分布的概率密度函数称为正向浓度概率密度函数，而描述污染源位置可能性大小的概率密度函数称为逆向位置概率密度函数。利用污染物正向浓度输运过程与逆向位置概率输运过程的伴随关系，构建基于耦合概率密度方法的溯源模型，对河渠水质突发污染事件进行相应的溯源研究。

4.2.3 溯源模型

溯源模型是建立符合实际水文地质条件的概念模型，它是根据实际观测的水文资料并选取适当的地下水数值模型进行模拟，在准确的地下水流场模拟基础上分析各个点污染物的来源。目前地下水质溯源模型主要有三种，分别是黑箱模型、对流-弥散模型和随机模型。目前，黑箱模型和随机模型还处于理论摸索阶段，对流-弥散模型是应用最广泛的模型。对流-弥散模型可以用于各向同性或各向异性、均质或非均质的多孔介质，能够较全面地反映地下水溶质的运动过程，并且它的初始条件和边界条件都可以任意选择。目前，数值模拟法已经成为解决地下水污染溯源问题的一种非常重要的方法，有很多学者对这类方法进行了研究以及延伸，使该方法在水文地质领域有了越来越广泛的应用。

4.2.4 其他方法

除了上述方法外，基于数据统计的溯源方法还有拟合方程、粒子群优化算法、遗传算法和神经网络等。目前国内外的很多学者对该类溯源方法开展了较为深入的研究。这些方法在实际的溯源追踪过程中也有较为广泛的应用。

4.3 基于其他辅助资料的污染溯源技术

4.3.1 水文、气象资料

环境中污染物的污染状况不仅与污染源相关，而且也与气温、降水等水文、气象等要素存在密切联系。水文、气象等条件对环境中污染物的物理、化学转化过程有着显著的影响。不同的水文、气象条件下，环境中污染物的扩散、稀释和迁移能力不同。影响污染物分布的水文、气象要素主要包括降水量、空气温度、风速及相对湿度等。

降水可以有效清除、冲刷空气中的各类污染物,同时可以将大气中的颗粒物俘获、溶解和冲刷,有效降低大气污染物的浓度。空气质量的好坏与降水量的大小、强度以及持续时间等有密切的联系。

近地层的空气温度高低也是影响大气污染物分布的一个重要因素。近地层空气温度与各类大气污染物的浓度呈现出比较好的负相关关系:近地层空气温度越高,大气对流活动越强,越有利于污染物的稀释扩散,污染物的浓度越低,空气质量越好,反之亦然。近地层空气温度的分布和变化情况,不仅会影响大气污染物的运动状态,同时还会对云层和降水的形成产生一定的作用。

对大气中的污染物而言,风会造成空气的流动,由此会产生明显的输送功能和稀释作用。风速与大气污染物的浓度成反比,风速越大,对污染物的稀释扩散能力越强,单位时间内污染物被输送的距离越远,污染物的浓度越低,空气质量越好。同时,长时间的微风或静风会对大气污染物的扩散产生抑制作用,使近地层大气污染物的浓度成倍增加。

空气相对湿度对大气环境质量也有明显的影响。当近地层空气相对湿度较低时,地面粉尘等容易被风吹起,并与空气中的水汽相结合,形成不易扩散、不易沉降且持续时间较长的烟雾,在这种情况下极易出现重污染天气,反之亦然。

4.3.2 地理信息系统技术

地理信息系统(GIS)是以地理空间数据库为基础,在计算机软件、硬件的支持下,结合系统工程和信息科学的知识,科学管理和全面分析含有空间内涵的地理数据,为用户提供管理、决策等信息的系统。该技术可以广泛应用于各个领域,在生态环境领域的应用主要体现在对区域生态进行规划、对环境现状和影响进行评价以及根据这些评价作出决策。在对污染源进行调查研究时,采用遥感(RS)和全球定位(GPS)技术可以在短时间内监测到污染物的情况，获得最新的污染数据。GIS 技术的使用使对数据的管理更加方便，实现了污染源信息的数字化、标准化和计算机化管理。

4.3.3 其他方法

除了上述方法外，还有污染源排查法、遥感和流场模拟等溯源方法。污染源排查法是利用现有环保部门的水质监测网，收集大量监测断面或监测点的环境数据，结合科学的分析方法，反复排查，尽可能全面地搜索到所有可能产生污染事件的环境污染源。污染源排查法对水文数据和监测数据的要求不是很高，是目前环保部门应用最多的污染溯源方法。遥感和流场模拟等溯源方法是基于特殊监测手段的方法，但这些方法要求具备高标准的检测技术与设备，以及具备相应操作技能的人员，在实际应用中因影响因素较多，结果也相对较粗略。这些方法根据各自的特点，在实际应用中也都有比较普遍的应用。

第三篇　关键环节

第 5 章　基线确定

【内容提要】 基线确定是农业生态环境损害鉴定评估的基础和关键环节，同时也是损害时空范围量化、恢复目标确定、损害价值量化及恢复效果评估的重要依据。本章在明确基线确定原则的基础上，介绍了常用的基线确定调查的指标体系，主要包括水、土、气、农产品和生态系统的相关指标。基线确定的常用方法包括对照数据法（对照区选择原则、采样原则）、历史数据法（数据来源、选择原则）、标准基准法（常见标准、选择顺序）、专项研究法和同行评议法，对五类方法的适用情形和要求作出较为详细的规定，并梳理了不同受体受损选取基线的顺序。本章能够帮助本书的使用人员熟悉相关技术方法，并运用于具体案例实践。

5.1　基线的概念

关于基线水平，针对不同国家的特点，各个国家均有不同的确定原则。美国 1990 年《石油污染法》(Oil Pollution Act，OPA)指出，基线是在环境损害事件未发生的状况下自然资源及其提供服务的存在状态，通常通过评估区域历史数据、邻近参考区域数据、控制数据等其中的某一种或几种的组合来确定。《欧盟环境责任指令》(Directive 2004/35/EC)对基线条件的定义为：在环境损害事件没有发生时自然资源和服务存在的状态，通常是基于现有可利用信息估计得到的。我国在 2020 年发布的《生态环境损害鉴定评估技术指南

总纲和关键环节　第1部分：总纲》中对基线的定义也有说明：污染环境或破坏生态未发生时评估区生态环境及其服务功能的状态。在农业环境中，对基线的理解为：环境污染、生态破坏事件未发生时，受鉴区农用地土壤、农用水源、农区空气等环境要素和植物、动物、微生物等生物要素，以及上述要素构成的生态系统所处的水平和状态。

5.2　基线确定原则

科学准确地确定基线是保证鉴定评估结果科学合理的前提，是鉴定评估结果准确有效的必要保障。为保证农业环境基线的准确合理性，其基线确定需要遵循以下原则。

(1)数据真实原则：应按照国标、行标的要求进行农产品及水、土、气环境受体样品的采集和测试，并严格遵循质量保证和质量控制要求，确保农业环境基线真实准确。

(2)方法优选原则：根据污染事件和生态破坏事件的特点及资料信息，合理筛选受体基线方法，必要时可选取多种方式确定基线，互为验证，确定最优的基线确定方法或方法组合。

(3)合理科学原则：农业环境基线应与实际情况吻合，充分考虑污染事件和生态破坏事件以外的因素(如常规相关的农业活动、自然灾害、自然侵蚀、农业水利设施的修建等)对受鉴区农业环境现状的影响。

5.3　基线指标体系

对于污染源明确的情况，优先采集能够代表污染源特征的样品，通过分析检测，根据污染源中检出的污染物确定特征污染物；也可通过现场踏勘、资料收集和人员访谈等，根据污染源的生产工艺与行业特征、区域环境条件评估结果、污染物性质和转化规律等，综合分析，识别并选取特征污染物。

对于污染源不明确的情况，通过采集受鉴区的土壤、沉积物、地下水、地表水、环境空气或生物受体样品，进行污染物的定性和定量分析，筛选识别特征污染物。特征污染物的筛选优先选择我国相关环境质量标准、优先控制化学品名录以及有毒有害水污染名录中规定的物质。

环境污染事件涉及的常见特征污染物主要包括以下几种。

5.3.1 单一环境受体

5.3.1.1 农用地土壤

特征污染指标：重金属、有机物、硫酸盐、氯化物等元素或化合物含量等。

理化性质指标：pH，机械组成，容重，全盐含量，有机质含量，阳离子交换量，土壤氮、磷、钾含量指标等，以及中微量元素含量。

生物指标：土壤生物种类、密度、生物量、种群特征、群落特征等。

5.3.1.2 农用水源

感官性状和一般化学指标：色，嗅，味，浑浊度，pH，硫酸盐、氯化物、铁、锌、铝、氨氮化合物等的含量，耗氧量等。

微生物指标：总大肠杆菌数和菌落总数。

毒理学指标：亚硝酸盐、硝酸盐、氰化物、氟化物、碘化物、三氯甲烷、四氯甲烷、苯、甲苯等化学物质类指标；毒死蜱、克百威、莠去津、草甘膦等农药类指标；铍、硼、锑、镍、钴、银等金属毒类指标。

具体指标依据以下标准实时调整重点管控目标：渔业用水可参考《渔业水质标准》(GB 11607—1989)，农田灌溉用水可参考《农田灌溉水质标准》(GB 5084—2021)，生活饮用水参考《生活饮用水卫生标准》(GB 5749—2022)。

5.3.1.3 农区空气

基本指标：二氧化硫、二氧化氮、一氧化碳、臭氧、PM_{10}颗粒物、$PM_{2.5}$颗粒物等的含量。

其他指标：总悬浮颗粒物、氮氧化物、铅、苯并[a]芘等的含量。

5.3.2 单一生物受体

单一生物受体应重点考虑的指标见表5.1。

表5.1 单一生物受体重点考虑指标

生物受体	表观指标	致害因子
种植作物	根部长度、质量、形状、颜色等;叶片的形状、脉络、表皮等;果实的大小、表皮和果肉颜色等;农作物种植密度或死亡率;生育期变化、开花时期、花朵情况、整齐度;产品品质、作物抗性	重金属;常用农药;常用肥料(氯离子、缩二脲、游离酸、三氯乙醛等);病虫害(稻飞虱、白粉病、玉米螟、棉铃虫、小麦锈病、棉蚜、稻纹枯病、稻瘟病、麦蚜、麦红蜘蛛、蝗虫、麦类赤霉病);高温、低温、高湿度、干旱、高盐、日照异常
畜禽生物	牙齿、蹄脚、毛皮、眼角膜等外观特征;体长、质量、性格、繁殖力等;五官、内脏等;日常行为及后代健康情况等;种群密度	真菌毒素(黄曲霉毒素、玉米赤霉烯酮、呕吐毒素等);杀虫剂(敌敌畏、乐果、克百威等);除草剂(莠去津、草甘膦等);噪声,震动,电磁辐射,其他生物侵扰、胁迫
水生生物	体长、体重等发育情况;形状、颜色,鳞片、尾巴等;摄食状况、游泳能力等行为特征;器官颜色、形状等内部器官特征;种群密度、死亡率、畸形率、繁殖能力;商品性	养殖水环境(温度,溶解氧、氨氮、亚盐、硫化氢等的浓度,酸碱度,浊度,电磁辐射,其他生物侵扰、胁迫等)

5.3.3 生态系统

(1)生态系统服务分类。生态系统基线通常选取能够表征其主要服务功能的指标,个案基线的具体表征指标由鉴定人员根据损害现场实际情况确定。常见农业生态系统主要服务功能及表征指标见表5.2。

表5.2 常见农业生态系统主要服务功能及表征指标

一级服务功能	供给服务	支持服务		调节服务		文化服务
二级服务功能	农产品供给	土壤保育	生物多样性维持	水源涵养	气体调节	休闲旅游
表征指标	品质、产量、面积	固土、保肥	物种种类、数量、分布	水量调节	固碳、释氧	旅游人次和水平

(2)生态系统的基线表征。基于生态系统的复杂性,需要构建如生物多样性、群落结构、生态系统功能等基线的集合。因此通过专家法对各个指标赋予权重,用于确定生态系统基线。

5.4 基线确定常用方法

基线确定对环境损害鉴定评估工作极其重要,科学有效地确定评估区域的基线是亟须解决的科学难题。2020 年发布的《生态环境损害鉴定评估技术指南　总纲和关键环节　第 1 部分:总纲》(GB/T 39791.1—2020)提供的基线确定方法包含对照数据法、历史数据法、标准基准法、专项研究法。但在农业环境中人工种植农作物、大面积养殖鱼虾等,需要更丰富的种养殖经验,因此还可以考虑专项研究中的模拟实验法,以及同行评议法。各方法的对比见表 5.3。

表 5.3　各基线确定方法的对比

方法	依据	工作步骤	优缺点
对照数据法	临近的相似生境的数据信息	基础调研、选取对照区、深入调查分析、确定基线	直接、客观、准确;对照区的选取较难;需开展大量调查分析
历史数据法	受鉴区域未受损之前的数据信息	基础调研、历史数据收集、数据筛选分析和评估、确定基线	直观;历史数据不全面、无法直接使用
标准基准法	环境标准值	基础调研、相关环境标准比对分析、确定基线	简单、方便;部分现行标准难以满足实际应用需求
专项研究法	构建致害因子与损害症状间的响应关系	基础调研、数据收集、模型构建和优化、深入调查、分析和评估、预测和确定基线	其模拟实验法可一定程度还原农作物或鱼类受损害过程,进一步确认受损事实;需要大量数据,且可用模型较少
同行评议法	同行专家根据专业知识和实践经验,基于调查确定基线	基础调研、专家经验判断、深入分析、确定基线	数据支撑较少;需要多学科专家共同参与;多为定性描述,非定量结果

5.4.1 对照数据法

对照数据法是指将鉴定中所选定的、能够与受鉴区进行对比分析、与受鉴区距离较近且不受污染物空间传输干扰、环境条件基本一致的区域作为对照区,利用该区域的监测数据、调查数据及检测数据来确定受鉴区基线的方法。农业环境是指影响农作物生存、农业生产的各种天然的和经过人工改造的自然因素的总体。对照数据法最关键的步骤是选择对照区,在涉农环境损害鉴定中,在一定区域内相对较易找到与受损农作物所在区管理模式基本一致、生境相似的对照区。

5.4.1.1 对照区的选择原则

(1)对照区应具有与受鉴区相似的生境特征,能代表受鉴区未受损害前的状态。

(2)对照区应距受鉴区较近,且基本未受到污染影响或生态基本未受到破坏。

(3)对照区的居民构成、动植物群落组成、地形地貌、地表水特征、地下水特征、土壤特征、生态系统功能等应与受鉴区类似。

(4)对照区的自然环境(如气温、降雨量等)应与受鉴区相似。

(5)对照区的土壤类型、各种土壤分布及成土母质、耕作制度应与受鉴区相同。

(6)对照区土壤的pH、有效土层厚度、质地、容重、有机质含量、盐碱性等理化性质应与受鉴区相似。

(7)受大气污染的,对照区应选在受鉴区常年主导风向的上风向。

(8)受地表水污染的,对照区应选在受鉴区地表水上游周边地势较高区域。

(9)受地下水污染的,对照区应选在受鉴区地下水上游区域。

不宜作为对照区的区域:

(1)人工开挖区、施工区、回填区和填埋区。

(2)邻近危险废物、固体废弃物或废水等有毒有害物质处置、处理、储存的区域。

(3)邻近公路、铁路、房屋等建筑物或构筑物的区域。

(4)地表径流汇水区。

(5)大气污染源、化工类产业园区周边区域。

(6)历史上发生过污染事故或污染排放的区域。

(7)历史上可能存在废渣的地下填埋区。

(8)有毒有害物质地下输送管线附近区域。

(9)水土流失严重的区域。

5.4.1.2 采样原则

1)农用地土壤

(1)布点原则。对照区点位均匀布设于受鉴区外部,土壤点位布设参照《农田土壤环境质量监测技术规范》(NY/T 395—2012)、《土壤环境监测技术规范》(HJ/T 166—2004)中的相关要求执行。

(2)布点数量。一般情况下,对照点数量不少于5个。根据致害因子的特征可适当增减对照点数量,但对照点数量不应少于3个。

(3)样品采集。样品采集有以下方式:

①现场采样:根据前期资料与采样方案,严格按照相关技术要求实施现场采样。

②补充采样:如需对受鉴区进行补充采样,则应同时在原对照区的原采样点位补充采样。

土壤采样时在采样深度上应遵循:垂直方向采样层次原则上应与受鉴区相同,采样深度应尽可能与受鉴区采样深度相同;同时因土壤异质性强,必要时应进行分层采样。

2)农用水源

(1)布点原则

①地表水作为农用水源,在具备干、支、斗、毛渠的农田灌溉系统中,点位应布设于其上游上一级的渠道中。

②地下水作为农用水源，布设点位应位于致害因子的地下水流上游区域，且有一定距离，并综合考虑水力坡降、含水层渗透性、埋深和厚度等水文地质条件及致害因子和致害因子迁移转化等因素；对照区所取地下水应与受鉴区地下水位于同一层位。

(2)采样注意事项

①选择河流断面位置应避开死水区，尽量在顺直河段、河床稳定、水流平稳、无急湍流滩处，并注意河岸变化。

②在任何情况下，都应该在水体混匀处设点，避免水流急剧变化搅动底部沉积物，引起水质显著变化而失去样品代表性；如采样现场水体很不均匀，无法采集有代表性的样品，则应记录不均匀的情况和实际采样情况，供使用该数据者参考。

③在确定的采样点和岸边，选定或设置采样点标志物，做好定位记录，以确保再次采样在同一位置。

④应分不同时间段多次采集对照水样，确认水样是否属于稳定态。

⑤地下水采集时，应开机放水数分钟，使积留在管道中的杂质和陈旧水排出，然后分段取样。

⑥采样深度应尽可能与受鉴区采样深度相同，且对照区所取地下水应与受鉴区水样位于同一水层。

⑦其他采样注意事项与受鉴区一致，并且符合《地表水和污水监测技术规范》(HJ 91—2002)、《突发环境事件应急监测技术规范》(HJ 589—2021)的要求。

3)农区空气

正在发生空气污染的现场，应在受鉴区主导风向的上风向适当位置布设对照点，参考《农区环境空气质量监测技术规范》(NY/T 397—2000)、《环境空气质量手工监测技术规范》(HJ 194—2017)进行采样检测。

4)农业生物

(1)种植作物

①分布面积大的受损作物应分别布设同种作物对照点。

②通常采用随机布点方法，每种作物对照点不少于5个。

③一般种植作物样品应与农田土壤样品同步采集。

④采集方法、采样编号、保存运输等依照《农、畜、水产品污染监测技术规范》(NY/T 398—2000)中的相关要求执行。

⑤考虑农作物受损症状的时效性,每个采样点至少采集3个样品,留足副样。

(2)畜禽生物、水生生物

①肉类、蛋类、奶类对照样品应选择同品种、处于同一生长期的样品,并采集同一部位。

②水生生物对照样品应选取生活条件与受损水生环境相似、喂养一致、处于同一生长期的水生生物。

③水生生物样品一般应与养殖水体的覆水和沉积物同步采集。

④家禽、家畜等农业动物样品取样应尽量与受损区域受损样品保持一致。

⑤采集方法、采样编号、保存运输等依照《农、畜、水产品污染监测技术规范》(NY/T 398—2000)中的相关要求执行。

5)生态系统

(1)对照区生态系统的类型、系统组成、服务功能及规模应与受鉴区基本一致。

(2)对照区优势种群应与受鉴区一致。

5.4.2　历史数据法

历史数据法指采用能够表征受鉴区环境损害事件发生前所处水平或状态的相关数据作为受鉴区基线的方法。历史数据资料是了解受鉴区历史状态的直接证据资料,能够提供受鉴区有价值的背景信息。

5.4.2.1　主要来源

(1)各地区的年鉴数据。

(2)国家政府部门或权威机构发布的环境调查监测类数据。

(3)经同行评议公开发表的文献和报告。

(4)环境评估等专项调查研究报告中的数据。

(5)经专家判断可作为历史数据的其他数据。

5.4.2.2 选择原则

(1)历史数据应对受鉴区具有较好的时间和空间代表性,且历史数据的采样、保存流转、检测方法等与现状调查数据具有可比性和等效性。

(2)历史数据应尽量选择损害出现前的资料,一般选择损害出现前三年内农业环境数据,主要包括水、土、气、农业生物的监测记录、管理记录以及文献研究、环境评估报告等可信度较高的资料。

(3)需要考虑数据的可信度,包括采样数量、采样深度、分析方法等是否一致有效。应对历史数据的变异性进行统计描述,识别数据中的极值或异常值并分析其原因,确定是否剔除极值或异常值。

(4)应对不同来源、不同时间段且符合上述要求的历史数据进行分析、判断和筛选。

5.4.2.3 调查指标

重点调查指标可参考 5.3 节,同时还应对环境受体和生物受体做以下辅助调查。

(1)农用地土壤:土壤类型、肥力水平、土壤保持量、受破坏或污染状况等,包括土壤污染源普查资料、土壤详查资料、土壤背景值、机械组成、耕作管理等。

(2)农用水源:灌溉水体来源、水环境质量、水文水质参数、利用方式、灌溉量和灌溉时间等,包括地表水年径流量、主要河流走向、水质、沿岸污染源分布、农业利用情况等,地下水储量、水位、水质、农业利用情况等。

(3)农区空气:受鉴区的空气环境质量状况资料,包括本底值、现状值以及环境质量标准值等;农作物受损前后的气象资料,包括降雨频率与降雨量、风力与风向、温度、湿度、日照等。

(4)农业生物:受鉴区的种植作物类型、分布、品种、生产规模等,包括种植作物的根部长度、质量、形状、颜色,农作物枝叶形状、长度、颜色等;受鉴区畜禽生物、水生生物的行为方式、形态特征、毛发色泽等。

5.4.2.4 使用原则

优先选择从官方渠道获取的或者当地农业、环境部门提供的受鉴区近三年的历史数据；其次选用文献资料、官方的专项调查资料等历史数据；最后可参考邻近企业的环评报告或者监测数据等，此类数据应经过专家评判是否符合实际及是否可采用。

5.4.3 标准基准法

5.4.3.1 常见环境受体的参考标准

常见环境受体的参考标准见表 5.4。

表 5.4 常见环境受体的参考标准

受体类别		参考标准
农用水源	地表水	《地表水环境质量标准》(GB 3838—2002)、《农田灌溉水质标准》(GB 5084—2021)、《生活饮用水卫生标准》(GB 5749—2022)、《农田灌溉水中4-硝基氯苯、2,4-二硝基氯苯、邻苯二甲酸二丁酯、邻苯二甲酸二辛酯的最大限量》(NY 1614—2008)
	沉积物	《海洋沉积物质量》(GB 18668—2002)
	地下水	《地下水质量标准》(GB/T 14848—2017)、《生活饮用水卫生标准》(GB 5749—2022)、《农田灌溉水质标准》(GB 5084—2021)、《城市供水水质标准》(CJ/T 206—2005)、《渔业水质标准》(GB 11607—1989)
农区空气		《环境空气质量标准》(GB 3095—2012)、《环境影响评价技术导则 大气环境》(HJ 2.2—2018)
农用地土壤		《土壤环境质量 农用地土壤污染风险管控标准(试行)》(GB 15618—2018)、《农用污泥污染物控制标准》(GB 4284—2018)、《食用农产品产地环境质量评价标准》(HJ/T 332—2006)

5.4.3.2 常见生物受体的参考标准

常见生物受体的参考标准为：《食品安全国家标准 食品中真菌毒素限

量》(GB 2761—2017)、《食品安全国家标准　食品中污染物限量》(GB 2762—2022)、《食品安全国家标准　食品中农药最大残留限量》(GB 2763—2021)、《食品安全国家标准　食品中兽药最大残留限量》(GB 31650—2019)。

5.4.3.3　标准基准选择顺序

当标准和基准同时存在时，优先适用环境质量标准；如果存在多个适用标准时，应该根据受鉴区域所在地区技术、经济水平和环境管理需求确定选择标准；在相关标准缺失的情况下，则遵循行业比较认可的或权威著作推荐的方法；上述依据均缺失的情况下，鉴定单位有自己的标准的，在征得委托方、政府职能部门或司法机关认可的情况下，可予采用。当同时存在基于保护人体健康、保护地下水安全和保护生物受体安全等不同类型的质量标准时，应从严选择。

5.4.4　专项研究法

5.4.4.1　适用范围

当无法获取历史数据和对照区数据，且无可用的环境质量标准时，应对发生或可能发生农业环境损害的区域开展专项调研，建立指标与致害因子间的响应关系模型。在农业环境损害案件中，常遇到现场灭失的情况，这类情况下采用模拟实验是最直观最易获得基线的方法。

5.4.4.2　剂量-反应效应模型

通过调查和研究不同梯度致害因子浓度下种群密度、物种丰度等指标的变化趋势，得出致害因子浓度与指标相关关系模型，依据模型推算出受鉴区的基线。该方法适用于生态系统中污染物引起种群密度和物种丰度等不利改变时污染物基线的确定。

5.4.4.3　健康风险评估法

健康风险评估法主要通过健康风险评估模型确定致害因子的致损或非

致损风险，再选择可接受风险数据或危害反推致害因子浓度作为基线。适用于土壤和地下水中污染物的基线确定。

5.4.4.4　迁移转化模型

通过迁移转化归档率确定基线是根据致害因子受损区的现场采样数据建立致害因子纵向和横向的迁移模型，通过模型以及数据分析推算出损害事件发生前致害因子的状态和浓度，确定基线。该方法适用于土壤和地下水中污染物的基线确定。

5.4.4.5　模拟实验法

1)适用情形

(1) 对于无法通过对照数据法、历史数据法、标准基准法、专项研究法获取基线的情况，可通过本方法获取。

(2) 对于可通过上述方法获取基线的，可通过模拟实验进一步补充验证受鉴对象的受损过程和损害程度。

(3) 现场灭失的，可以通过模拟现场、情景再现、模拟培养和观察等方法，确定农业生物受损的基线。

(4) 对于有较明确怀疑致害因子，但时间超过致害因子的半衰期无法检测的，可以采用模拟实验方法确定基线。

(5) 适用于农业投入品(化肥、农药等)等对农作物造成损伤的基线确定；渔业养殖投入品对水生生物造成损伤的基线确定；饲料等的质量问题对畜禽生物造成损伤的基线确定。

2)基本原则

(1) 试验材料同质性。试验材料(种子、肥料、鱼苗等)要同质一致，不一致的试验材料可分级、重复使用或充分混合均匀后再使用。

(2) 操作标准化。各项操作应还原损害发生过程，一切管理操作、观察测量和数据收集都应以试验组为单位进行控制。

(3) 外界因素控制。在试验过程中引起差异的外界因素中，应控制外界主要因素。

(4) 设置重复组。试验应设置 3 组及以上的重复组,一般设置 3～5 次重复。

(5) 随机排列。每个试验组应随机排列。

3)实现路径

(1) 现场模拟实验。需要观察农业生物的受损症状、进行产量测定的,应选择现场模拟实验。在受鉴区选取合适生长期的农业生物,开展疑似致害因子对农业生物影响的实验。

(2) 实验室模拟实验。现场不具备开展现场模拟实验的条件或不需进行农业生物的产量测定的,可选择实验室模拟实验。实验室模拟实验应控制温度、湿度、水分等基础条件,开展疑似致害因子对农业生物影响的实验。

4)监管要求

实验室模拟实验应当由鉴定人员进行全程监管;现场模拟实验不具备全程监管条件的,可委托具有相关资质的机构和人员代为监管,并做好记录。

5.4.5 同行评议法

农业环境为人类提供了农业生产的环境基础,人类可利用农业环境进行规模化、程序化种养殖,从而对常见农作物、水产品具备丰富的种养殖和管理经验。因此,在农业环境损害个案中,用上述方法无法确定基线的,经委托方同意可选取同行评议法。应按以下要求进行评议:

(1)专家知识背景应与农业环境损害个案具有相关性。

(2)专家数量一般不少于 5 人且为奇数。

(3)专家可从科研院所、一线技术人员中选取。

(4)难以形成一致意见的,以多数专家意见确定基线。

5.5 基线选择顺序

在农业环境损害确认环节,基线的确定是最核心的部分。基线是启动环境损害鉴定评估的重要基础,更是后期修复效果评估的重要依据,贯穿环境损害鉴定评估的全过程，因此，科学合理地选择基线并合理推荐基线确定程序，可以有效保证环境损害鉴定评估工作的质量。农业环境很易受人为干扰，随着人类活动的不断延展，人类干扰行为正在并且已经改变了各个生物群落、气候植被带的生态系统。人为干扰已经推动了生物群落的演替，如不合理的开耕、过度捕捞使生态环境受到损害；再比如风电设备的运行，干扰云层形成降雨，易导致草原或耕地缺水干旱，严重的导致土地荒漠化。除此之外，人类干扰也导致背景值、标准值不能直接作为基线确定的唯一依据。例如，土壤环境背景值是指一定时间条件下，仅受地球化学过程和非点源输入影响的土壤中元素或化合物的含量，强调的是土壤未受到各类点源污染情况下的状态；土壤环境标准值是基于可接受的人体健康和生态风险倒推出来的土壤中的污染物浓度限值，强调的是不会对人和其他生物体构成危害的状态；土壤生态环境基线是指污染环境或破坏生态未发生时评估区土壤的化学元素或化合物含量、理化性质以及生物物种、种群、群落、生态服务功能等的状态，强调的是损害事件发生前的状态，因此，背景值、标准值不能直接作为基线确定的唯一依据。

结合农业环境损害的特点，农业生态环境损害鉴定评估基线确定程序如下：①针对鉴定案件，选择合格的对照区，判定是否可用对照数据法确定基线。当对照数据法可用于确定受鉴区农业环境基线时，优先采用对照数据法确定受鉴区农业环境基线。②对照数据无法获取时，则针对受鉴区开展基础调研和数据资料的收集分析工作，判定受鉴区历史数据是否可用于确定基线。③当对照数据和历史数据均无法确定基线时，则优先选择相关标准基准，选择其中最严苛的标准确定基线。④若不存在适用的标准基准，可以采用专项研究法确定基线，专项研究法即模型推算法，往往需要大量的数据，不易获取，因此在实际中往往难以应用。但专项研究中的模拟实验法在农作物损害案件中可以较好地获取基线，同时观察受损症状变化与案件是否一致，更直观地呈现出农作物受损的过程。⑤当上述方法均无法确定基线水平时，应邀请本领域相关专家进行论证分析，确定基线。应注意的是，可以选择一种或多种方法组合确定基线。

5.5.1 环境受体及生态系统的基线确认方法

涉及土壤肥力等土壤健康指标的，优先将相关标准或基准作为基线水平，其次以历史数据或对照数据作为基线水平；若以上数据均不可获取或仍无法准确确定基线水平，需结合专项研究或模拟实验，确定基线水平。

涉及农产品的，以《食品安全国家标准　食品中污染物限量》(GB 2762—2022)、《食品安全国家标准　食品中农药最大残留限量》(GB 2763—2021)中的阈值作为基线；若无相关标准的，利用历史数据或对照数据作为基线；若以上方式均不可获取，需结合专项研究或模拟实验，确定基线。

5.5.2 单一生物受体的基线确认方法

单一生物受体的基线确认方法按照以下顺序进行：

(1)食品、饲料中所规定的或允许的致害因子浓度水平或国家限制或禁止消费该类农产品的致害因子浓度水平。

(2)对照区动植物体内的致害因子浓度水平及性状特征。

(3)动植物体内的致害因子浓度水平及性状特征的历史数据。

(4)以上数据均无法获取时，可以采用专项研究及同行评议等研究成果或实践经验确定基线。

5.6 质量保证和质量控制

5.6.1 基本要求

土壤环境样品的采集、保存、流转、检测过程质量控制参照 NY/T 395—2012 执行，特征指标涉及挥发性有机污染物时，质量控制还应遵循 HJ 1019—2019 的相关规定执行；农业生物的采集、保存、流转、检测过程质量控制参照 NY/T 398—2000 执行，同时涉及农药残留的农作物采样还应遵循 NY/T 789—2004 相关规定执行；农用水源样品采集、保存、流转、检测过程质量控制参照 NY/T 396—2000，特征指标涉及挥发性有机污染物时，质量控制还应遵循 HJ 1019—2019 的相关规定；样品采集、保存、流转、检测过程质量控制参照 NY/T 397—2000。

5.6.2　样品误差控制

（1）代表性。应选择一定数量的能够符合大多数情况的水、土、气和农产品作为样品，避免选择有边际效应及其他特殊情况的个体作为样品。

（2）对应性。涉及采集两类受体损害对照样品时，应注意对应性，比如土壤与农产品同时受损，采集两者对照样品时应在同一点位采集，与受鉴区保持一致。

（3）防止污染。采样过程要防止样品之间及包装容器对样品的污染，特别是注意影响分析成分的污染物质。

5.6.3　数据处理分析

对对照数据、历史数据以及模拟实验获取的数据的变异性进行统计描述，识别数据中的极值或异常值并分析其原因，确定是否剔除极值或异常值，根据专业知识和评价指标的意义确定基线。对于数据符合正态分布的，应采用 95％置信区间上限或下限确定基线（当污染或者破坏导致评价指标降低时，采用下限；当污染或破坏导致评价指标升高时，采用上限）；对于数据不符合正态分布的，采用中位数确定基线。

第6章　因果关系鉴定

【内容提要】 因果关系鉴定是农业环境损害"鉴定难、鉴定贵"的重要体现，其核心问题是构建污染源或损害源与农业受体损害之间的途径，明确污染源或损害源与受体损害间的关联性，从而锁定污染源。本章首先介绍了因果关系鉴定中常用的支撑技术（叶片症状识别技术、同位素示踪法、溯源模型、统计分析方法、模拟实验），同时分析了技术在实际操作中的局限性，在剖析鉴定难点的基础上结合判定理论提出了因果关系判定准则和判定条件。本章能够帮助本书使用人员了解、熟知相关技术和判定条件，并运用于因果关系鉴定实践。

6.1　因果关系鉴定支撑技术

环境损害因果关系鉴定需通过受体症状特征，识别特征污染物和疑似污染源，分析污染源排放的特征污染物能否到达损害受体，以及到达受体的浓度水平是否会产生致害后果。其中，同源性分析技术有指纹法、同位素示踪法、多元统计分析法等，迁移途径分析与关联性证明可以借助溯源模型等技术预测分析。有学者通过分析土壤样品中锌浓度和铅同位素比值，研究不同土壤组分中锌的矿物学形态，分析了人为源对天然富锌土壤中异常高锌含量的贡献，验证了韩国东部某冶炼厂排放的含锌粉尘使周边场地锌含量高的假设，并为司法实践所认可。因果关系鉴定的关键环节是污染物源解析，即查明受污染农用地土壤中的特征污染物是从哪里来的，通过什么样的路径来的，不同来源的污染物贡献率是多少。由于不同污染源产生污染物的成分比例及其在环境和作物受体中的贡献度都有其相应的特征，利用污染物中特定组分的比例特征，可以判断出污染物的产生类型，进而通过对样品数据和污染源特征图谱的综合统计分析，定量地计算出各类污染源的贡献率。

6.1.1　叶表观症状识别技术

叶片是农作物与环境直接接触的场所，农作物受到污染物危害后，叶片颜色、形状、纹理会发生变化，通过叶片和果实症状特征推测污染物及其排放源的方法，即叶表观症状识别技术。该技术具有快速有效辨识特征污染物、缩小摸排范围、锁定污染源等优点，是一种易操作、成本低的损害识别技术，在大气环境损害鉴定中得到广泛应用。但该技术需要收集大量叶表观症状标本，形成数据库方可使用。

叶表观症状识别技术主要包括建立叶表观症状特征、提取鉴定案件中叶表观受损症状特点和损害识别三个方面：

(1)建立常见污染物对农作物的叶表观症状特征。

(2)提取叶表观受损症状，包括叶片颜色、伤斑形状及颜色、伤斑分布位置、受害组织与健康组织间是否有界限等。

(3)损害识别：分析提取在环境污染事件中农作物叶片表观受损症状信息，与建立的叶表观症状特征分析对比，识别污染物的种类及来源，获取农作物受损程度等信息，识别农作物对特定污染物的敏感程度，确定敏感级别。

大气污染物直接接触农作物叶片，暴露面积大，大气污染对农作物的伤害主要表现在叶片上，且叶片表观症状明显：当作物受到大气污染物侵蚀时，叶片失绿，并出现伤斑、叶组织坏死等现象。不同大气污染物对农作物叶片的致害表观症状具有差异性，如伤斑在叶片上的分布位置，伤斑的形状、颜色等。获取大气污染物危害农作物叶片的表观症状特征方法通常包括：

(1)在实验室条件下开展人工熏气实验，即将受试农作物置于开顶式熏气室或熏气箱，设置不同污染物浓度、不同熏气时间，观察不同浓度、不同时间农作物叶片表观受损症状特点。

(2)在距污染源远近不同地点进行大田模拟实验。

6.1.2 同位素示踪法

由于自然界中元素稳定同位素和放射性同位素的理化性质大多相同,可以利用放射性同位素或经富集的稀有稳定同位素作为示踪剂,来示踪污染源中元素的迁移转化过程。常用的同位素有碳同位素、铅同位素、镉同位素、锌同位素以及放射性核素等。铅示踪就是利用不同铅的同位素丰度值差异,来示踪铅污染的来源。有学者采用铅稳定同位素对采自某重金属污染场地的表层土壤样品进行分析,通过土壤样品中$^{206}Pb/^{207}Pb$、$^{208}Pb/^{204}Pb$和$^{206}Pb/^{204}Pb$与Pb浓度的倒数等呈显著的线性正相关关系,推断出土壤铅污染主要来源于人为排放和土壤母质。还有学者研究了法国北部某铅锌冶炼厂附近受污染表层土壤中$\delta(^{114}Cd)$的系统变化,表明该地区的镉同位素分馏主要受冶炼影响,并利用表层土壤中镉浓度和$\delta(^{114}Cd)$揭示镉污染的三个主要来源:工业灰尘、矿渣及农业。

6.1.3 溯源模型

溯源模型多应用于大气环境及水体流域,根据气象、水文资料并选取适当的气象参数、水体数值模型进行模拟,分析各点污染物的来源。其中水质溯源模型主要有:黑箱模型、对流-弥散模型和随机模型。相关内容详见4.2.3节。溯源模型的多变性和灵活性在因果关系鉴定中具有广阔的应用前景,但应用于个案,还需根据现场情况修正或增减模型参数才可适用。

6.1.4 统计分析方法

统计分析方法主要有因子分析法、聚类分析法和层次分析法。

(1)因子分析法。即通过分析受体样品的物质成分及含量,获取样品信息的相关性，筛选代表性公共因子并估算各因子贡献率。该法已成为颗粒物源解析的重要手段之一。

(2)聚类分析法。即根据样品之间的亲疏关系，分析度量样品间相似程度的变量，以变量为依据，根据关系的密切程度进行分类，使同类差别变小，而异类差别变大。

(3)层次分析法。即对复杂问题的本质、影响因素以及内在关系等进行深入分析后，构建层次结构模型，再利用较少的定量信息，把问题解决方法的思维过程数学化，为求解多目标、多准则污染物结构特性的复杂问题，提供一种简便的决策方法。该方法是可操作性强、成熟度较高的支撑技术，广泛应用于各类污染源源解析，但对样品量和数据量要求较高，源解析结果存在不确定性，无法直接定量各污染源贡献率，需要通过改进或者配合同位素示踪法、正交矩阵因子分解(PMF)等方法使用。

6.1.5　模拟实验

模拟实验是通过人为控制环境条件，排除多种次要因素与干扰，模仿真实环境中的某个条件或过程，旨在获取相关参数或规律，是鉴定实践中重要的辅助技术。如通过扩散模拟实验，获取扩散系数以及扩散行为的影响因素，或污染物在环境中的迁移转化规律；通过毒性模拟实验，获取污染物在损害受体或环境中的剂量-反应关系等。该方法常用于鉴材不完整、现场发生变化等情形，包括环境条件改变、数据缺失、相关参数无法获取等。

除此之外，同位素示踪法、指纹图谱技术、微生物溯源技术等也是常用的支撑技术，其中，同位素示踪法精确度较高，需要的样品量较少，可准确计算污染源的贡献率，适用范围广，是目前源解析的有力手段。但该方法要求污染物中有稳定的同位素，对于污染物种类复杂的，单一同位素示踪法无法有效解决，需结合多种同位素或其他溯源技术联合使用；环境微生物取证可以在合理的短时间内充分解决因果关系归因和后续补救行动必须回答的问题。

6.2 鉴定实践对支撑技术的需求

6.2.1 支撑技术的特点

6.2.1.1 技术的局限性和不确定性

支撑技术均有适用条件和自身缺陷,如采用微生物源追踪法的前提是具有与特定宿主物种强相关的微生物特征,但该方法主要应用于研究领域。指纹图谱法可较好地区分多环芳烃的热生成源或燃烧源,但对于复杂的混合污染源或风化严重的样品,必须结合其他方法才有可能识别污染源。此外,支撑技术难以进行精确的污染物检测,新型污染物缺乏相应的检测标准或技术。类似的技术应用于个案都具有一定的局限性和不确定性,存在各种误差,使用不当会发生"潜在污染源被忽略,认定出现偏差"等现象。

6.2.1.2 技术的复杂性和不易操作性

支撑技术比较复杂,一般是方法套方法,模型套模型,一个环节不熟悉或处理不当,就可能找错污染源。例如海洋溢油损害因果关系鉴定中,可以采用海洋生态影响动力模型判断溢油损害的时空分布,但该模型的运用还要以区域海流模型及数据库、海面风场诊断模型及海流耦合模型、溢油漂移轨迹及变化分析模型、区域水质基线及影响模型及数据库、浮游动植物影响动力模型及数据库为基础。对于鉴定人员,傻瓜化、便捷化、快速化技术更容易被接受。

6.2.1.3 对样本量和数据量有要求

溯源技术需要一定的样本量或数据量作为基础。如元素比值法以较大样本量为基础,需获取污染源中两种以上元素的浓度比值,且浓度比值间需存在较大差异。多元统计分析需具备足够的数据,计量模型才能运行起来。

方差解释的显著性随着选用数据量的变化而变化，样本量越大，有效数据越多，方差解释越显著，潜在污染源及其贡献分析才会越精确。这些技术在传统的法医学意义上的应用即调查犯罪，是受到限制的。

6.2.2 鉴定案件的特点

6.2.2.1 鉴材的不完整性

因环境污染的隐蔽性、累积性和受体反应的时间差，致害行为发生后，受体出现症状需要时间，发现症状后，锁定怀疑对象也需要时间，直到鉴定机构介入，鉴定现场大多会发生变化。有的污染物质已挥发或消解，在环境和受体中无法检出；有的损害事实已发生改变，如江苏泰州环保联合会起诉6家化工企业的公益诉讼案件中，鉴定机构接受委托时，被告倒入河流中的废酸随河流的流动自净，已不能检出，受体受害症状已发生变化，能够获取的仅仅是片段性的照片、录音录像资料和一些文字材料。诸如此类，滞后性引发鉴材的不完整性，在鉴定案件中是常态。

6.2.2.2 鉴定成本的可控性

因果关系鉴定涉及资料收集与分析、勘察调查、监测采样、实验检测等，鉴定环节采用的一些支撑技术的成本较高，少则近十万，多则百万、千万。如同位素比值法，收集各排放源样品的相关同位素特征值，样品处理与分析的成本昂贵；多元统计法，对样本量和数据量要求高，对于污染引起的小范围农业环境损害鉴定案件，由于受体比较聚集，所付出的代价可能远远超过损害本身的价值。而鉴定费用一般由涉诉双方当事人承担，相对于法医、物证等鉴定，环境损害类鉴定费用一般较高。诸多环境损害纠纷或公益诉讼案件因“鉴定贵”而“望鉴兴叹”，不了了之，正义在“鉴定贵”面前止步。

6.2.2.3 鉴定时限的法定性

依据《司法鉴定程序通则》，鉴定一般应在司法鉴定委托书生效之日起30

个工作日内完成。因此，不要求所有鉴定案件都按照严密的科学研究思路，运用专业性强、周期长的溯源或模拟技术，待所有的假定条件都成立，采取大田实验、模拟污染物排放、跟踪作物生长季、慢性毒性试验或情景模拟实验等方法，在受体与疑似污染源之间建立相关性。鉴定人员需要依托现有专业知识和技术条件，根据差缺或残缺鉴定材料，在法定时限内采用简单快捷的分析技术和工具，对污染行为与受体损害之间是否具备因果关系作出判定。

6.2.3 支撑技术与鉴定需求存在脱节

当前可运用于因果关系鉴定的辅助技术，设计初衷多是针对全国性或区域性正在持续的污染现象，用于环境状况普查、区域调查、预测预警或者风险评估。有学者采用二元诊断比率结合多元统计分析对智利 3 个城市 28 个地点的陆地土壤中的 15 种多环芳烃进行来源解析；此外，也有学者采用富集因子对中国北方整个黄河三角洲土壤中的重金属进行了源解析。从成熟度和可靠性来看，有些技术还属于探索性技术，需要文献、年鉴等数据做支撑，可用于有一定研究基础、正在发生的慢性损害事件。但对于损害行为已终止、损害现场和受体症状发生改变的损害个案，适用的参数难获取，支撑技术往往是无能为力或者需要更多假设才能适用的，技术与实践需求存在严重脱节。

“在环境侵权范围下，‘因果关系’的认定是非常困难的，除了由于科学知识方面的不充分外，环境侵权‘因果关系’本身就充满了复杂性，可能是一因一果或一因多果型因果联系，也有可能是复杂的多因一果或多因多果型因果联系，还可能是这几种因果联系的混合。”基于此，若要求侵权人对“无因果关系”的证明达到“排除合理怀疑”标准，势必导致其几乎不能实现证明目的。比如，如何判断污染物的到达，主要谈及采取“同源性”分析方法，即分析侵权人所排出的污染物和损害发生地存在的污染物是否一致，是否具有同源性。虽说“同源性”的判断方法可以解决大多数污染物是否到达的问题，但对于一些新型的污染物，如光、辐射、噪声等的到达，则无能为力。

司法面临的一个突出矛盾是：法律实践对专家意见的需求日益增长，而鉴定手段又严重不足。当前，针对环境损害个案因果关系鉴定的支撑技术或处于起步阶段，或存在空白，需要具备科研能力的鉴定人员在鉴定实践中对现有技术进行修正或者改进，以满足鉴定对专业技术的需求。

6.3 鉴定中的因果关系判定准则

6.3.1 鉴定难点

环境污染是指人类直接或间接地向环境排放超过其自净能力的物质或能量，从而使环境的质量降低，对人类的生存与发展、生态系统和财产造成不利影响的现象。按危害显现程度、存续时间、破坏力等，环境污染可分为急性污染和慢性污染。急性污染一般称为突发性环境污染事件，只要取样及时，方法得当，污染物质毒性和危害机理清楚，因果关系比较容易确定。由于受慢性污染危害具有长期性、持续性和隐蔽性的特点，污染原因较难确定。实践中，多数污染属于慢性污染，损害或致害症状一般比较隐匿，不易发现，常常需要经过很长时间才有明显症状，从污染物进入环境和农业生物到出现明显症状是一个循序渐进的过程。在此类环境污染损害鉴定中，要证明某个或某几个企业行为与损害后果之间是否存在直接、必然的因果关系，从技术鉴定角度讲，是极其困难的，甚至是无法证明的。因果关系鉴定的最大难点是鉴定材料有缺陷，要么不完整、不充分，要么发生了改变，要么无法获取一手鉴材，从正面建立污染源与受体损害间直接相关性的难度较大。农业损害案例中，污染因素与田间管理、病虫害、肥害药害、气候气象条件等因素交织在一起，很难区分，损害发生时间越长，建立相关性的难度越大。因此，因果关系鉴定不能坚持理想化的科研思路，一下子扎进相关性分析之中，急于获取相关技术所需参数，结果要么陷入无限因果，个案司法成本被普遍放大，要么不具备鉴定基本条件，无法形成具备因果关系的鉴定意见，不能满足行政与司法单位对技术类事实认定的要求。

6.3.2 破解路径

那么如何在短时间内精准寻找主控因子构建因果关系,如何使少量的证据形成有利的因果关系证据链呢?笔者认为,可以采取排除与相关性分析相结合的思路进行因果关系鉴定。司法鉴定是基于调查的科学,如果对现场情况没有清晰的了解,即使是最好的实验室和最复杂的模型也只能是对因果关系作出定性推断,无法锁定具体的污染源和责任人。因此,首先要开展田间管理、病虫害、肥害药害、气候因素、背景值等非污染和生态破坏因素调查分析,查明受鉴区域和受损对象是否由上述因素所致。若由上述因素所致,即停止污染致害因果关系鉴定;若不是上述因素或不完全是上述因素所致,则开展污染源和污染物、迁移路径、受体损害症状与污染物致害症状相似性等调查分析,能够排除相似污染源的,可予以排除;若排除后污染源仍不唯一,污染源排放的特征污染物均具有可以到达受损对象和受损区域的合理路径,并在受体中检出特征污染物,或者虽未检出,受体损害症状与特征污染物致害症状一致或者具有高度相似性,则可以认定污染源与受体损害之间具备因果关系。

6.3.3 判定理论

因果关系认定分为技术认定和法律认定,技术认定是技术专家运用技术手段对条件与结果之间真实联系的判断,遵循的是科学、客观、最大限度接近事实真相的原则;法律认定是在法律框架中,由司法者经过法律的价值评判和选择,对行为与结果之间联系的判定,遵循的是合法性和时效性原则。技术认定只有经过法官的法律认定,才能作为证据对环境损害纠纷的解决发挥作用。

环境侵权"有因果关系"的推定是从实体法角度对"有因果关系"作出的理论解读,两者实为同一事物的"一体两面"。因此,现行法律中对环境侵权"有因果关系"的认定采用了因果关系推定理论。

虽然因果关系推定理论主要有优势证据说、间接反证说、事实推定说、疫学因果关系说、个别因果关系说和姑且推定说等学说，但条件因果关系说从因果关系中最基础的概念出发，着眼于原因与结果之间引起与被引起的关系，认为所有引起结果发生的条件均可作为原因对待。由于该学说未对原因和条件加以区分，强调原因与条件的无差别对待，因此该学说无法适用于多因一果型的因果关系判定。针对条件因果关系说的缺陷，相当因果关系说被提出。它认为在认定因果关系时，加害行为与损害结果之间除了要构成条件因果关系外，还应当严格区分原因与条件的区别，有限度地认定加害行为与损害结果之间的因果关系。这里的“限度”是指加害行为与损害结果之间应当具有“相当性”。如若加害行为在客观上具有较大概率能引起结果事件发生，则应当认定二者之间存在因果关系。美国相关法律认为，在讨论因果关系问题时，风险规则较之于可预见性规则更为可取，因为“风险规则提供了更大的透明度并便于分析，更加注重侵权行为发生时的特殊情形以及该行为所造成的风险”，而“由于不确定什么可能被预见、由谁预见以及何时预见，对过失案件的一个可预见性测试要冒被误解之风险”。因此，在一些特殊情形中，若发生的损害类型是在风险范围之内，即使行为人既未预见也不应当预见该损害的发生，也不影响其对损害承担责任。盖然因果关系说认为对因果关系的证明程度只需达到相当程度的盖然性即可，在一般民事诉讼的因果关系证明中，当事人提供的证据只有达到高度盖然性的标准，才能证明加害行为与损害结果之间存在因果关系。例如在环境污染案件中，由于检测技术的限制，无法证明污染物向河流排放与下游居民罹患疾病之间存在确切的、必然的联系，此时应当尊重科学证明与法学证明在证明程度上的差异性（即法学证明不需要像科学证明一样达到完全确信的程度），适当放宽事实证明的标准。但是结合我国环境侵权的相关规定，前述因果关系推定理论在被用于认定污染环境行为、破坏生态行为与损害之间的因果关系时，侧重于正向证明因果关系存在的“有因果关系”，对于反向阻断因果关系成立的“无因果关系”应当适配何种认定理论却并不明确。鉴于技术认定无法百分之百地重现事实真相，只能在某种程度上反映事实的某个或某些方面，因此在事实因果关系认定上，需要根据实际情况，选择适当的认定理论，然后形成具体的认定规则。一般来说,农业环境污染损害适用间接反证说,人体健康损害适用疫学因果关系说,其他环境损害视认定的难易程度选择不同的认定理论。

农业环境污染损害之所以将间接反证说作为因果关系推定的理论基础,是因为农业环境污染造成的损害是一个长期或潜伏的过程,污染行为和农业损失之间的因果关系链条过长,如果要农民、渔民或牧民在这一长因果链条上一一举证,几乎是不可能的。因此,只要受害人能够证明因果链条中的部分事实,就可推定整个因果链条都成立,被告若有异议,则应举证排除,否则被告承担对其不利的判决后果,这样就大大缓解了原告的举证困难。根据间接反证说,结合农业环境污染举证的实际情况,原告的举证如果同时满足以下条件,即可认定"企业的行为与农业生物或农业环境受损之间存在因果关系"。一是该企业生产需要排放某种污染物或者该种污染物是企业生产必不可少的副产品。二是该种污染物从理论上或者实践中会造成某种伤害症状,而受害作物或产地表现出该种受害症状;或该种污染物中含有某种致害因子,经试验检测受害作物或产地中含有同样的致害因子或者与致害因子的危害症状相符。三是受害作物或产地周边没有其他污染源或者没有其他可疑污染源。

6.3.4 判定条件

根据上述思路,结合司法解释,同时具备以下条件的,可认定污染源与农业受体(农业生物、农用水土气)损害之间具有因果关系:

(1)农业受体中检测出特征污染物超出基线水平。

(2)污染源的存在会向农业受体排放或者投加特征污染物。

(3)农业受体损害可以排除其他相似污染源的影响。

(4)农业受体损害可以排除高背景值、病虫害、自然灾害等非污染因素的影响。

6.3.4.1 特征污染物超出基线水平

通过相关线索、鉴材分析和现场调查,初步确定疑似污染源和农业受体,包括农业受体种类、分布和特征污染物种类、浓度。对受体特征污染物进行检测，浓度超出基线水平，则可以确认受体受到损害，且可能与疑似污染源有关。在确定基线水平时，有国家标准的，优先适用国家标准；既有国家标准又有地方标准的，优先适用地方标准；没有国家标准的，优先适用行业标准；没有标准的，采用对照含量水平；没有对照的，采用历史数据；没有历史数据的，采用参考文献资料和相关研究数据。

6.3.4.2　污染源的存在会向农业受体添加特征污染物

一是污染源会产生特征污染物并需要排放出去。一般情况下，工业企业只要正常生产，从其原辅料、生产工艺、废弃物及其伴生物，可以判断排放的特征污染物。二是这些特征污染物能够到达农业受体。通过对污染源与农业受体的位置关系、地形条件、水文地质、空间分布、气象条件等的调查监测，可以获取污染源排放的特征污染物是否能够到达农业受体的证据材料。关键是分析污染物的迁移和扩散路径、转化和演变规律、受体可接受水平和症状表达等。条件成就后，则可以在污染源与农业受体之间建立一致性和相关性。

6.3.4.3　可以排除其他相似污染源的影响

损害受体周边可能分布着多个污染源，不同污染源可以通过特征污染物与受体的对应关系，判定致害污染源及其数量；相似污染源由于排放的污染物相同，可以通过实地调查、人员走访等方式进行排除筛选，如以大气扩散为路径的，疑似企业处于受损受体的下风向，则该企业可以排除。

6.3.4.4　可以排除非污染因素的影响

鉴于同一结果在不同场合可能会存在不同的原因，农业受体损害，可能是污染行为所致，也可能是非污染因素所致。农业受体中污染物超出基线水平，有可能是处于污染物高背景地区，是背景过高所致，比如云南等地区；也可能是历史性冶炼等非特定人为因素所致，比如湖北大冶土壤镉污染与该地区长期开矿有关；还可能是长期污水灌溉，以及自然灾害、病虫害、气候气象变化所致。在鉴定过程中，这些因素应该先予排除。

之所以要提出判定条件，是因为鉴定是关于事实真相预测的科学，特别是因果关系鉴定，更多的是对过去发生事实之间关系的一种猜测，这种猜测不是简单地将科学反复证明的自然科学原理、技术和方法应用于待证事实，而是将科学原理转化为判定原则、准则，然后遵循这些准则、条件，利用溯源技术和残缺资料，创造一种法律事实意义上的因果关系，这种因果关系一旦被法庭采信，就是法律认可的真相。可以说，被采信的鉴定意见是法官对当事人所宣告的事实真相。

6.4 鉴定程序

由于环境介质的复杂性，污染物在环境中的分布不均匀，造成了农业环境损害鉴定工作比较复杂，仅仅依靠资料收集与现场调查无法满足农业环境鉴定定性定量要求。因此需采用多步骤、多阶段的鉴定程序，逐步降低鉴定中的不确定性，提高鉴定的效率和质量。

农业环境损害确认后，可按以下步骤开展鉴定：排除性调查、识别污染源与污染物、建立暴露途径、关联性分析、认定因果关系。首先应该开展排除性调查，排除气候灾害、不良耕作习惯、背景值偏高等非污染因素；非污染因素排除后，开展污染源与特征污染物调查，根据特征污染物，推断疑似污染源；梳理分析疑似污染源，注意区分固定污染源与流动污染源；分析各疑似污染源排放的特征污染物的释放机理、传输介质、传输机理，识别污染物从污染源到达受体的途径，建立污染物的暴露途径；通过建立暴露途径，采取文献回顾、场地模拟、实验室研究和模型研究等方法，对污染物与损害结果关联性进行科学证明，在疑似污染源中，明确与损害结果有关联性的污染源，排除没有关联性的污染源；由鉴定人根据鉴定现场实际情况，获取关联性污染源的致害贡献率，确定各关联性污染源的污染行为与农业受体受损之间的因果关系。

实践中，通过资料收集和现场调查，可以明确致害污染物的种类、理化性质以及分布或存在状态，明确存在污染源排放污染物行为，明确存在农用地土壤损害的事实；通过现场调查、污染源和污染物识别、监测因子识别，在监测分析、理论分析或实验数据的基础上，验证污染源排放的污染物与农用地土壤中存在的污染物是否具有一致性；通过污染物的释放机理、传输介质和传输机理分析，结合地形地貌、水文条件、气候气象等特征，评估污染物传输路径的合理性；通过现场监测与样品分析，判定农用地土壤中的特征污染物浓度是否超过相应的土壤环境质量标准或对照值，判别农用地土壤和地上作物暴露于该种污染物的可能性；识别污染源排放特征、污染物进入农用地土壤的迁移转化路径，分析特征污染物在传输介质中的迁移机制和传输范围，建立并验证暴露途径；根据文献资料、监测数据、理论分析以及现场试验结果，判定环境中特征污染物暴露与农用地土壤损害间的合理性、一致性和特异性，根据历史调查、监测资料及其他证据证明时间合理性；综合上述情况，判断关联性污染源的污染行为与农业受体损害事实之间是否存在因果关系。

在环境损害鉴定中，污染贡献率是确定各污染源及其排放的特征污染物原因力的重要技术指标。可采取化学质量平衡法、因子分析法、主成分分析法、SWAT模型、排污系数、受损农业生物产量估算法、源排放清单法等方法计算或者预测不同污染物或污染源的贡献率。各种方法科学原理虽有差异，但有一致性。化学质量平衡法的原理是：污染物在从源到受体的传输过程中没有质量损失，那么受体上测量的化学组分浓度就是每一源类贡献该化学组分浓度值的线性加和。如有学者通过土壤采样与数据统计分析评价了崇州市典型农田土壤重金属污染风险，结合多元统计分析方法和主成分分析/绝对主成分分数受体模型对污染源进行了解析，并采用地统计学分析方法阐明了研究区土壤具有污染风险的Cd和As污染来源贡献量的空间分布，推测了污染源和量化了污染源贡献率。有学者以浙江省百亩修复试点基地为对象，建立了基于农业排放源长期监测的定量核算模型，通过剖面分析及重金属形态分析进行成土母质贡献率的计算，通过对农业污染源排放点的长期监测，计算重金属农业排放源的年输入量，核算污染源的贡献率。结果表明，该试验基地耕层土壤既受到土壤母质的影响也受到人为活动的扰动。人为污染源主要有大气沉降、灌溉水、水稻秸秆及肥料农药，年贡献率分别为24.7%、34.1%、35.3%、5.9%(Cd)，49.6%、45.9%、2.3%、2.2%(Pb)。上述认定方法更多应用于大尺度流域、土壤污染溯源的科研工作，在具体鉴定案例中成功运用的还不多，主要是参数获取比较难，还需要两种或两种以上模型相互印证以降低误差，需要一定的样本量作为支撑，对于受体 3～5 亩（1 亩＝666.67 m^2）的农用地土壤，单纯运用模型认定，参数可能无法完全获取，误差太大，布点过密鉴定成本又过高，在实践中的操作性有待验证。

在原因力鉴定中，首先需要结合因子分析法等方法对数据参数的需要，布设监测单元，现场监测、采集样品、实验检测、获取监测检测数据，然后运用统计分析方法，分析不同污染物或污染源的污染贡献率。将污染贡献率用于原因力鉴定，还需要结合其他鉴定材料特别是受体受害症状、现场调查情况综合分析判断。比如通过观测识别种植的农作物受害症状，与作物诊断图谱研究成果进行比较分析，确定特征污染物的致害对象及存在浓度、致害范围和程度；通过资料收集，分析鉴定区域地形地貌、气候气象条件，了解损害前后污染物扩散、迁移条件；通过现场走访调查，了解不同责任主体在损害发生前后的污染物排放情况、是否存在停产停业或者事故性排放等，综合判断原因力大小。

6.5 建议

因果关系判定是事实认定的关键环节，也是最为复杂、技术含量最高的鉴定工作。鉴案现场和受体症状的易变性，对现有技术的应用提出了挑战，需要科学家结合鉴定实践，不断修正或调整技术参数设定，减少应用过程中的不确定性，提高精确度，简化操作难度，开发或者集成一套针对不同鉴定需求的因果关系判定支撑技术或方法。

损害诊断知识图谱是开展因果关系鉴定的重要抓手，图谱中农作物受害症状及其对应的致害污染物，可以为具体鉴案中的致害污染物质及其排放源的快速锁定提供线索，为受体与污染相关性判定提供指示。污染物通过环境介质作用于农作物，会对农作物的正常生长及产量品质造成损害。我国地域复杂，污染物种类繁多，新型污染物不断被发现，涉农环境损害事件频发。损害事件发生后，农业生产者首先察觉到的是农作物叶片、果实等表观特征的变化，比如叶片面积偏小、出现褐色斑点、失绿黄化等。通过农作物损害后表观症状表达，快速、简便锁定致害污染物质，模拟推演致害路径，还原致害过程，将会有效降低损害溯源的成本，在较短时间内建立受体损害与致害物质之间的因果关系，缩小与降低损害线索摸排范围和成本，有效解决“鉴定难、鉴定贵”的问题。

在因果关系鉴定中，溯源与模型只是方法和工具，是鉴定的一部分，这些方法只有与特定案件中能够获取的鉴材相契合，才能在个案鉴定中发挥作用。“事实认定的科学化”给审判带来一个实际挑战：作为不具备相关领域科学知识的外行法官，往往因科学证据带有“科学”光环而迷信科学证据，从而在科学证据的采信上很容易被法庭科学家“牵着鼻子走”。事实上，因果关系判定并不只有溯源和检测技术是可信的，常用的观察法、询问法、排除法，甚至直觉和经验，也是不可忽视的，鉴材收集与分析、现场调查、人员询问和症状观察是因果关系鉴定的重要内容和不可或缺的环节，在不少鉴定案件中甚至发挥着更大的作用。

第7章　农田生态系统损害鉴定评估

【内容提要】 农田生态系统是世界上最重要的生态系统之一，人类不可持续的发展方式增加了农田生态系统损害的复杂性和多元性，给鉴定评估工作带来诸多困难。本章从农田生态系统的概念及特征入手，介绍了农田生态系统的典型致害方式，分析对比了国内外相关研究进展，并系统介绍了农田生态系统损害鉴定评估工作的内容、程序、方法和技术要求，包括工作方案制定、损害调查确认、因果关系分析、实物量化与恢复方案制定、价值量化、恢复效果评估、报告编制、报告送达、过程记录、档案管理、磋商与诉讼等内容。本章能够帮助本书的使用人员理解相关理论，并运用于实践操作。

7.1　农田生态系统的概念及特征

7.1.1　生态系统

英国生态学家坦斯利(A.G.Tansley)在1935年首先提出了生态系统的概念：生态系统指在一定的空间范围内生物和非生物成分通过物质循环和能量流动相互依存、相互作用构成的生态学功能单位。联合国千年生态系统评估提出生态系统服务指的是生态系统给人类提供的惠益，目前人类对生态系统服务的利用增长迅速，其中有60%的服务处于不可持续利用或退化状态，给人类福祉造成严重的损害。

7.1.2　农田生态系统

农田生态系统指的是人类为满足自身生存需求，立足于土地资源，积极干预自然，利用农田中生物和非生物环境以及生物种群间的关系来生产食物和其他农产品的半自然生态系统。农田生态系统提供了全球66%的粮食产出，是世界上最重要的生态系统之一，因其蕴含着巨大的服务功能价值，所以形成了人类社会生存及发展的基础，但人类不可持续的发展方式也导致农田生态系统出现退化和破坏现象。

同自然生态系统相比，农田生态系统具有以下特点：

(1)目的性。高度的目的性是农田生态系统的根本特点，也是其存在的基础。农田生态系统最主要的目的就是生产农产品，进而满足人类生存和社会发展的需要。

(2)开放性。农田生态系统是开放性生态系统，人类通过人畜力、有机肥、化石燃料等向系统补充能量，同时系统通过粮食、饲料等方式向外界输出物质和能量，使农田生态系统具有开放式的能量流动和物质循环过程。

(3)高效性。为了获得更多的农产品，人类通过选育作物新品种、灌溉、施肥、撒药等措施，为作物生长创造适宜的环境，极大地提高了目标产品产量，使农田生态系统有了比自然生态系统更高的初级生产力。

(4)易变性。农田生态系统的正常运行既要遵循客观自然生态规律，同时也要服从经济社会发展的共同需要。在市场经济规律和国家农业政策的调控指导下，结合人类的管理措施，以获取最大的农产品产出和经济效益，使其结构和生态过程的变化远高于自然生态系统。

(5)脆弱性与依赖性。农田生态系统的植物区系主要由一种或几种农作物和杂草组成，而大量使用除草剂和杀虫剂使得农田生态系统生物多样性降低，营养结构简单，自我调节能力变弱。因此，农田生态系统对人类活动产生较大依赖性，只有在科学合理的人为干预下才能保证系统的正常运转。

7.1.3 致害方式

当前，经济飞速发展导致的生态环境问题逐渐显露，农田生态系统损害事件日益频发，环境污染和生态破坏为我国农业绿色发展之路套上了“枷锁”。一直以来，受到环境污染和生态破坏的影响，我国农田土壤质量下降，出现了水土流失、盐碱化、荒漠化、土壤污染等问题，导致农产品产量和品质降低，农田生态系统生物多样性和服务功能减少，给农业可持续发展、粮食安全和人体健康带来巨大危害，甚至在一定程度上影响了社会的安定团结。造成农田生态系统损害的主要环境污染和生态破坏事件有以下几类。

7.1.3.1 环境污染

(1)大气污染。大气污染指的是向农田大气中排放的污染物的总量超过了其稀释、净化能力，导致大气质量下降，给粮食作物、蔬菜、果树等农作物带来直接或间接的不良影响，造成农业生产经济损失。大气污染物种类很多，其中二氧化硫、氯气、氟化物、氮氧化物、一氧化碳和烟尘的危害较大。大气污染对农作物的危害形式主要有两种：一种是污染物经由叶片气孔进入作物体内，破坏叶绿体，影响正常光合作用、受精过程等生理活动，最终影响作物生长发育，使农产品产量和品质降低；另一种是含重金属的气体和颗粒状污染物被作物吸收后，会残留在农作物体内，造成农产品污染，影响正常食用。

(2)水体污染。伴随城市人口的增加和工农业生产的发展，生活污水和工业废水的排放量逐步增多，大量污染物进入地下水、河流、湖泊等水体，使水体和水下底泥的理化性质和生物群落组成发生变化，造成水体污染。其中工业废水是农田灌溉水污染的主要来源，特别是化工、机械、冶炼、印染、皮革、造纸、食品等行业，除排放大量废水外，水中的有毒成分也复杂多样。工业废渣中存在的有害物质，还会通过雨水冲刷渗入浅层地下水或流入河道；工业废气中的各种污染物也会随降雨下沉进入水体。农田灌溉水污染严重影响农作物的正常生长发育，导致农作物产量、品质下降，有毒物质在作物体内残留还可能对人体造成危害。

(3)固体废弃物污染。固体废弃物是人类在生产生活中产生的通常不具备原使用价值而被丢弃处理的固态或泥状物质。人类在开发利用自然资源进行生产生活活动时,受技术条件或实际需求的限制,不可避免地将其中一部分作为废物丢弃,此外,不同产品本身具有不同的使用寿命,超过一定使用年限就自然变成废弃物。农、林、牧、渔等行业生产活动中排出的固体废弃物称为农业固体废弃物,主要包括秸秆及其他枯枝落叶、工厂化养殖场产生的畜禽粪便、生产食用菌后的菌渣、动物尸体及骨骼等,它们通过各种途径进入农田生态系统,使土壤、地表水、地下水等遭受污染,最终影响农作物的正常生长,危害粮食安全。

(4)农业投入品污染。农业投入品是农业生产过程中必不可少的生产资料,但若使用不当会造成环境污染,甚至成为农业面源污染的主要来源。施肥结构不合理是农业生产的普遍问题,例如重化肥轻有机肥、养分损失严重、肥料利用率低等情况。因药械落后、药物滥用、用量超标等,农药利用率仅为35%左右。过量施用的化肥农药一部分挥发到空气中,一部分通过地表径流造成地表水和地下水水体污染,引发土壤板结、酸化、耕地质量下降以及重金属超标等问题,降低了农田生态系统的生产、调节和支持等服务功能。此外,化肥农药等投入品包装的随意丢弃,会随雨水冲刷,导致土壤和水体的进一步污染。当前农用薄膜大部分是线性低密度聚乙烯,因其过于薄、强度降低、极易破碎,导致回收困难,残留在地表耕作层,降低生物活性和土壤通透性,影响根系生长和对水肥的吸收。农膜中的添加物邻苯甲酸二异丁酯,挥发后经由气孔进入叶肉细胞,破坏叶绿体,阻碍叶绿素合成,影响光合作用,致使作物生长减缓、黄化甚至死亡。

(5)突发性污染事件。目前除正常生产生活所造成的污染外,突发性污染事件也在不断发生。根据事故发生原因、事故表现形式和主要污染物性质可将其分成七类,其中以农田生态系统土壤污染为主的主要有以下几种:农药污染、有毒有害物质污染、放射性污染和废水非正常排放污染事故。它们有以下共同特点:人为操作不当、运输过程中泄漏且伴有突发性。具体表现为难以提前防范、传播速度快。这些事件会导致农田土壤理化性质发生突变,影响农作物的正常生长,危害农田生态系统服务功能。

7.1.3.2 生态破坏

(1)土壤物理破坏。土壤物理破坏指的是人为原因导致农田土壤环境质量下降、功能受损的现象。农用地硬化,被压占、挖损,或出现塌陷、人工障碍层等情况,致使农用地原地表形态、土壤结构、农作物等直接或间接损害,导致农用地种植条件等原有功能部分或完全弱化、丧失。其中农用地压占指堆放生活垃圾、建筑材料、工矿废弃物及其他畜禽养殖垃圾、农业投入品及其包装物等,造成农用地形态、土壤结构损害及原有功能部分或完全弱化、丧失。农用地硬化指在农用地上建设建筑物或构筑物以及铺设沥青、水泥、碎石块、砖块路面等,造成农用地形态、土壤结构损害及原有功能部分或完全弱化、丧失。农用地挖损指采矿、挖沙、取土、挖鱼塘等生产建设活动致使原地表形态、土壤结构、农作物等直接损毁或耕作层剥离,造成农用地形态、土壤结构损害及原有功能部分或完全弱化、丧失。农用地塌陷指开采导致地表沉降、变形,造成农用地形态、土壤结构损害及原有功能部分或完全弱化、丧失。农用地人工障碍层指在农用地土层内埋藏石块等硬化物、固体垃圾或其他不利于农用地质量的物体,形成一层或多层阻碍水、气、养分正常交换的障碍层,造成农用地形态、土壤结构损害及原有功能部分或完全弱化、丧失。

(2)有害生物损害。在自然界,受地形、地貌、气候等因素的影响,每种物种都限制在一定的自然区域内生存发展,这些物种称为本地物种。外来物种指的是在一定区域范围内,历史上没有自然存在和分布而被人类直接或间接引进的物种。生物入侵则是指经由自然或人为途径,生物从原生存环境侵入新的环境,这类物种称为外来有害生物或外来入侵物种。外来入侵物种对农田生态系统造成破坏的同时,还会破坏农、林、牧、渔业生产,甚至威胁粮食安全。例如,原产于美洲地区的草地贪夜蛾,是迁飞性重大农业害虫,被联合国粮农组织在全球预警,目前已经在全世界 100 多个国家引起虫害,2019 年 1 月侵入我国云南地区。据全国农技中心的统计资料显示,草地贪夜蛾已扩散至我国 27 个省份,对玉米生产造成严重威胁。

(3)地下水超采。地下水超采指的是地下水的实际开采量超过了可开采量,引起水位的持续降低,引发地质灾害和生态损害的现象。地下水超采会导致地下水水位下降、含水层疏干、水源枯竭，影响居民正常饮水和农业灌溉，并引起地面沉降、裂缝、农田生态系统退化等地质灾害和生态破坏问题。在沿海地区，地下水超采则会破坏海水和淡水的压力平衡，引起海水入侵，造成地下水变质、农田土壤盐碱化等问题。

(4)水土流失。水土流失指的是因自然、人为因素影响，雨水无法就地消纳，顺势下流，冲刷土壤，造成水分和土壤同时流失的现象。水土流失产生的主要原因是土地利用不当、耕作技术不合理、地面植被遭破坏、地面坡度大、土质松散、过度放牧、滥伐森林等。水土流失的危害主要体现在以下几个方面：农田土壤耕作层被破坏、侵蚀，致使养分衰竭；淤塞渠道、河流，导致水旱灾害，影响农业生产；给山区农业生产和下游河道带来威胁，农作物产量降低，广种薄收，产生“越穷越垦、越垦越穷”的恶性循环，致使农田生态系统日益恶化，制约经济社会发展，加剧贫困。

(5)土地沙化。土地沙化指的是土壤被侵蚀导致土壤因黏粒减少而逐步沙质化，或流沙入侵导致农田生产力下降甚至丧失。土地沙化区大多分布在干旱、半干旱等生态环境脆弱区，或者靠近沙漠的地区。土地沙化有气候等自然因素，也有滥砍滥伐、过度放牧、水资源不合理利用等人为因素。土地沙化的发生与土壤水分平衡有关，当水分的损失量大于补给量时就会有发生沙化的倾向。土地沙化导致土地生产力衰退、土地资源减少、自然灾害加剧等频繁发生，严重危害正常农业生产活动。土地沙化严重甚至会演变为土地荒漠化。

(6)土地盐碱化。土地盐碱化指的是底层土壤或地下水中的盐分随着毛细管水上升到地表，待水分蒸发，使盐分在表层土壤中积累的过程。我国盐碱土的面积大、分布广、类型多，总面积大约 1 亿公顷，多发生在干旱、半干旱地区。盐碱土中的可溶性盐主要包括钠、钾、镁、钙等氯化物、硫酸盐、碳酸盐、重碳酸盐等。氯化物和硫酸盐通常为中性盐，重碳酸盐和碳酸盐通常为碱性盐。土地盐碱化使农田土壤理化性状变差、渗透压升高，使农作物对水分的吸收能力减弱，同时对营养离子的选择吸收能力降低，影响农作物正常生长发育。大部分盐碱化土壤中矿质养分分布不均衡，且通常缺乏微量元素，极易造成农作物缺素，影响农田生态系统的稳定性。

7.1.4 必要性

近年来，国家高度重视生态环境保护工作，也在新《中华人民共和国环境保护法》中提出了生态保护红线。党的十八大以来，以习近平同志为核心的党中央高度重视生态文明建设，保护生态环境已经逐步成为全民共识，严厉打击破坏生态、污染环境行为，同时建立起责任追究制度势在必行。特别是环境公益诉讼推动环境法的落实落地，需要生态环境损害事件发生后能够实现快速定性、精确定量，这对提供诉讼关键证据的环境损害鉴定评估工作提出重大需求。环境损害鉴定评估对于损害赔偿、责任人认定、矛盾化解、打击环境类犯罪等具有重要意义。

2015 年，司法部会同环境保护部联合印发了《关于规范环境损害司法鉴定管理工作的通知》(以下简称《通知》)，《通知》将“生态系统环境损害鉴定”作为独立的鉴定领域纳入司法鉴定管理工作。2015 年 12 月，最高法、最高检、司法部三家单位联合印发了《关于将环境损害司法鉴定纳入统一登记管理范围的通知》。2017 年底，中办、国办在《生态环境损害赔偿制度改革方案》(以下简称《方案》)中，提出要加快推进生态环境损害鉴定评估专业力量建设，推动组建符合条件的专业评估队伍，尽快形成评估能力。2018 年 6 月，为配合《方案》落地实施，司法部会同生态环境部发布了《环境损害司法鉴定机构登记评审细则》。2019 年 10 月，党的十九届四中全会提出了要坚持和完善生态文明制度体系，促进人与自然和谐共生。生态环境损害具有复杂性，各级执法机关在打击环境违法、犯罪具体案件的过程中，普遍感受到现有环境损害鉴定的司法体系尚不健全，无法为当前的司法实践活动提供有效支撑。除此之外，鉴定机构在工作中使用的鉴定评估方法不一，技术水平参差不齐，导致鉴定结果存在不确定性，难以为司法审判和生态环境损害赔偿磋商工作的顺利开展提供可靠依据和有效支撑，这也成了环境损害赔偿不到位和司法审判难的重要原因。因此，迫切需要打破标准条块分割的现状，从司法体系构建入手，攻克环境损害基线确定、损害确认、因果关系判定、损害量化等系列难点，建立健全环境损害司法鉴定标准体系。当前生态环境部、农业农村部和自然资源部陆续发布了土壤、地下水、地表水、沉积物、海洋等环境要素的损害鉴定评估技术指南或推荐方法，对于生态系统受损的鉴定评估方法则鲜有涉及。

农业生态环境损害鉴定评估是我国环境损害领域起步最早、鉴定业务量最大的行业，涉及畜牧业、渔业、种植业等具体领域和农学、经济学、环境科学等具体学科。从1979年开始，鉴定评估在污染事故调查处理、突发污染事件应急处置、解决涉农环境纠纷等方面发挥了重要作用。近年来，伴随生态文明建设的发展，农田生态系统损害鉴定评估作为其中重要一环，日益受到社会关注。然而，"鉴定难、鉴定贵"等一系列问题，依然是摆在涉农生态环境损害鉴定评估面前的重大问题，在一定程度上制约了相关业务的顺利开展。《农用地土壤污染责任人认定暂行办法》的出台对鉴定评估工作提出新的要求，需要在因果关系确定的基础上明确责任份额。不论是农用地土壤污染责任人认定，还是生态环境损害赔偿制度改革，其难点和关键环节都是生态环境损害鉴定与评估，即查找农田生态系统损害受体（农田土壤、农田灌溉水、农作物等）损害潜在的途径，明确关键损害因子和指标，分析农田生态系统服务功能损害的成因和演变机理，确定关键评估指标的基线水平和阈值，搭建起农田生态系统损害评估指标体系。但由于前期研究基础较为薄弱，在损害溯源技术、因果关系判定、责任份额划分、损失量化计算等方面还存在诸多问题。

为指导全国各级农业农村、生态环境相关主管部门顺利推进农田生态系统损害赔偿工作，提升涉农环境损害司法鉴定机构和科研院所应对处理农田生态系统损害事件的能力，贯彻执行《中华人民共和国民法典》《中华人民共和国环境保护法》和《中华人民共和国土壤污染防治法》，保护农田土壤等农业资源及其生态系统服务功能，保障公众安全健康，规范破坏生态或污染环境行为导致的农田生态系统损害鉴定评估工作，亟须对农田生态系统损害鉴定评估工作进行规范。

7.2　研究现状

20世纪70年代以来，我国开始关注农业生态环境损害鉴定评估技术问题。1981 年,在江苏镇江召开的全国环境经济学术讨论会上,国内学者首次发表了计算污染损失的数篇论文,其内容涉及因污染造成的经济损失的相关理论和方法的介绍和探讨。辽宁省环境保护科学研究所对环境污染对人体健康损害的经济损失的理论方法及定量化关系进行了研究。有学者介绍了我国西南地区酸雨对主要农作物产量的影响及经济损失评估方法。1984 年,过孝民主持的"公元 2000 年中国环境预测与对策研究",首次对全国环境污染造成的经济损失进行了估算,这项研究在污染损失估算的计量方法、数据处理、结果表述等方面都有较高的实用价值与学术价值。20 世纪 90 年代初,由金鉴明主持的"中国典型生态区破坏生态的经济损失"研究课题,对我国生态破坏的经济损失计量方法进行了重点研究。1995 年开展的"中国九十年代环境污染与生态破坏的经济损失"研究项目,在计量概念、计量方法、误差处理等方面有了进一步的改进。1998 年出版的《中国环境破坏的经济损失计量实例与理论研究》一书,收录了包括徐嵩龄、郑易生、李玉浸等国内知名学者对生态资源环境污染和生态破坏经济损失评估的研究成果,内容涉及估算方法的选择与修正、误差分析,特别是农业环境污染经济损失的估算。2007 年,我国首次颁布了农业环境损害领域的行业标准《农业环境污染事故损失评价技术准则》。2008 年,由质检总局、国标委共同发布《渔业污染事故经济损失计算方法》,此方法规范了 11 种计算损害的方式,为我国农业水污染领域的经济损失计算提供了详尽的方法指导。2009 年,过孝民、於方、赵越联合著写的《污染环境成本评估理论与方法》一书,在前人研究的基础上进一步丰富和完善了经济损失估算的方法和参数选择,并按照不同污染因子系统论述了环境污染造成农业经济损失的计算模型及试算实例。同年,李玉浸、段武德编写的《农业环境污染事故诊断技术指南》中,以技术性论述为主,同时兼顾知识介绍,对农业环境损害事件进行分析。书中总结了环境损害评估的计算方法,这些方法对农业环境污染事故诊断工作起到积极指导作用。2014 年,由王伟独立著述的《农业生态环境及农产品质量安全司法鉴定专论》,是国内第一部系统研究农业生态环境损害鉴定评估的专著,开启了农田生态系统损害鉴定评估的先河。同年,王伟、周其文两位学者发表了《基于直接市场法的农业环境污染事故经济损失估算研究》一文,其中详尽阐述了直接市场法在农业环境污染事故中进行经济损失评估的要求。同年，我国司法部发布《农业环境污染事故司法鉴定经济损失估算实施规范》（以下简称《规范》），《规范》针对前期的评估程序、后期的估算方法都作出详尽规定。2016 年以来，农业部环境保护科研监测所、中国科学院生态环境研究中心、中国科学院大学、中国水产科学研究院黄海水产研究所等单位对农田生态系统损害鉴定评估方法及适用范围、参数设计、修正方法等进行了专门研究，形成了包括标准、专著、专利、论文、典型鉴案在内的大量研究成果。

党的十八大报告中提出健全生态环境保护责任追究制度和环境损害赔偿制度。《关于加快推进生态文明建设的意见》中提出建立独立公正的生态环境损害评估制度，确立了生态环境损害赔偿制度改革的思路和方向。此外，出台了一批环境损害司法鉴定标准及技术规范，如《生态环境损害鉴定评估技术指南　总纲和关键环节　第 1 部分：总纲》《生态环境损害鉴定评估技术指南　总纲和关键环节　第 2 部分：损害调查》等国家标准，以规范和指导生态环境损害鉴定评估工作。为明确生态环境损害赔偿范围、责任主体、索赔主体和损害赔偿解决途径等，形成相应的鉴定评估管理与技术体系、资金保障及运行机制，探索建立健全生态环境损害的修复和赔偿制度，加快推进生态文明建设，制定了《生态环境损害赔偿制度改革试点方案》，2015 年至 2017 年，选择部分省份开展生态环境损害赔偿制度改革试点。从 2018 年开始，在全国试行生态环境损害赔偿制度，到 2020 年，在全国范围内初步构建起责任明确、途径畅通、技术规范、保障有力、赔偿到位、修复有效的生态环境损害赔偿制度。

7.3 概念界定

农田生态系统损害和农田生态系统服务功能是影响农田生态系统损害鉴定评估工作开展的重要概念，故在此作出阐释。

（1）农田生态系统损害。指破坏生态、污染环境行为造成农田生态系统结构、过程的不利改变，以及农田生态系统服务功能的降低或丧失。定义主要参考《生态环境损害鉴定评估技术指南　总纲和关键环节　第 1 部分：总纲》对生态环境损害的定义给出。

（2）农田生态系统服务功能。指农田生态系统生产的物质及其所形成的自然和人为环境对人类的服务作用，包括供给服务、调节服务、文化服务和支持服务。定义主要结合千年生态系统评估对生态系统服务功能的划分、中国科学院地理科学与资源研究所谢高地研究组对农田生态系统服务功能的研究成果、编者在实际案例中积累的实践经验综合给出，将农田生态系统服务功能划分为供给服务、支持服务、调节服务和文化服务。

7.4 工作程序

农田生态系统损害鉴定评估的流程参照图 7.1，具体包括以下步骤：

（1）方案制定。了解农田生态系统损害的基本情况和主要特征，通过搜集所在区域的农田土壤和种植农作物状况背景资料确定鉴定评估的内容、范围和方法，制定鉴定评估工作方案。

（2）损害调查确认。开展排除性调查，排除仅由气候变化、自然灾害、高背景值等导致的情形。

掌握破坏生态或污染环境行为的事实，调查农田土壤、农田灌溉水及所种植农作物的基本状况与生态系统服务类型，确定基线水平，判断农田土壤、农田灌溉水、农作物及生态系统服务功能等的损害状况。

（3）因果关系分析。就破坏生态、污染环境行为与农田生态系统损害之间的因果关系作出分析判断。

（4）农田生态系统损害实物量化与恢复方案制定。筛选并确定农田生态系统损害的评估指标，将指标现状水平与基线水平进行对比，确定损害的程度和时空范围，计算损害的实物量。对受损的农田生态系统进行可恢复性评价，能恢复的，明确恢复目标，制定基本恢复方案，计算期间损害，并制定补偿性恢复方案。

（5）农田生态系统损害价值量化。经评估能恢复的农田生态系统，除计算恢复费用外，恢复期的生态系统环境资源价值也应纳入损害数额计算；对于不能恢复的，采用农田生态系统环境资源价值量化法计算损害数额。

(6)农田生态系统恢复效果评估。定期跟踪监测农田生态系统的恢复情况,全面评估恢复效果是否达到预期目标,对于没有达到预期目标的,应开展补充性恢复,直到达到预期目标。

(7)报告编制。编制农田生态系统损害鉴定评估报告及恢复效果评估报告,根据要求建立工作档案。

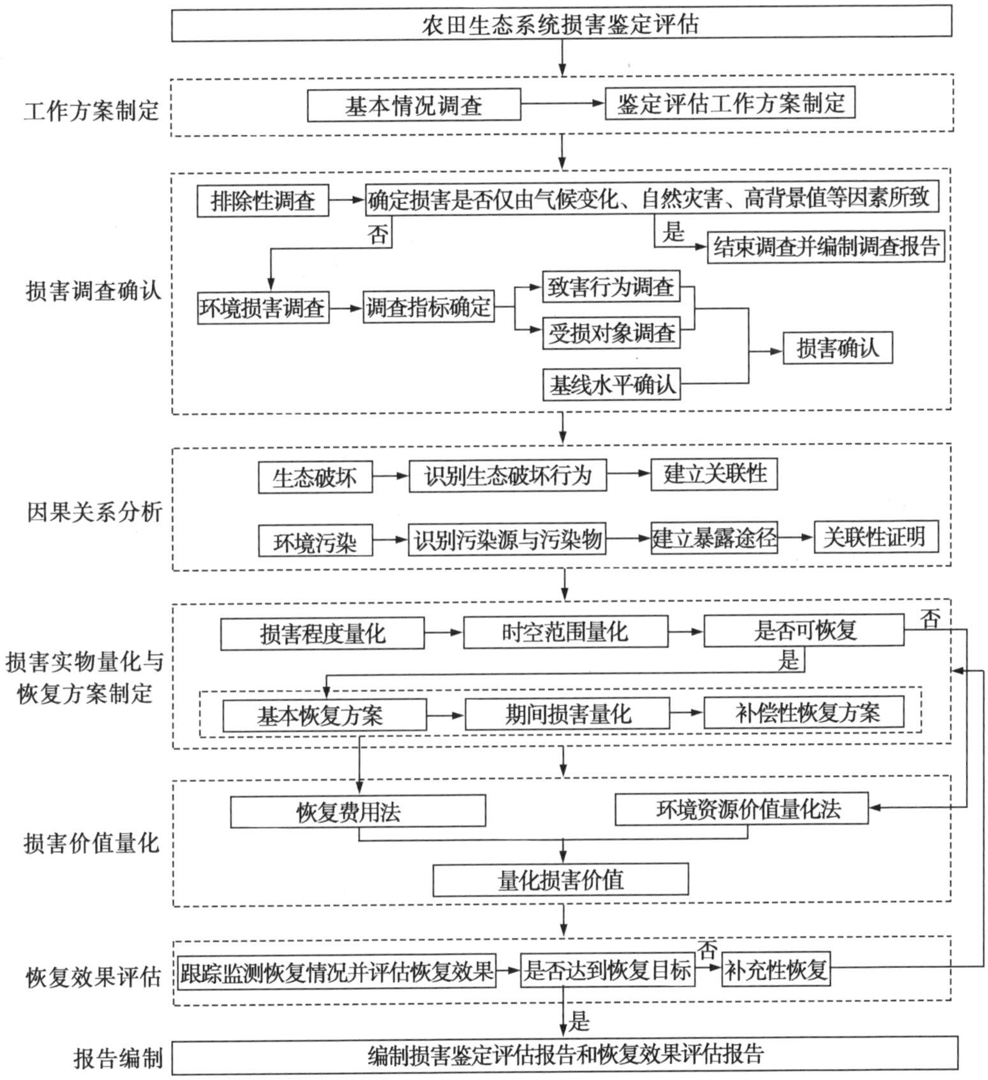

图 7.1　农田生态系统损害鉴定评估流程

7.5 工作方案制定

7.5.1 基本情况调查

基本情况的调查与鉴定工作的顺利进行有着非常密切的联系，开展鉴定工作始终离不开鉴定现场基本资料的支持，因此，基本情况的调查是鉴定工作开展的基础。鉴于农田土壤、农作物和农田生态系统损害的复杂性与多因性，农田生态系统损害事件的偶发性与随机性，鉴定过程中对基本情况的调查要注重完整性、准确性与真实性。要求与鉴定有关的信息都应收集，包括与损害有关的直接资料和能够反映损害情况的间接资料。要求信息调查过程的科学性，即要以科学的手段收集资料，比如气象数据的采集、水文数据的采集等，要求基本情况调查要全面、真实、公正、客观、具有针对性。

基本情况调查主要通过资料收集、文献查阅、专家咨询、现场踏勘、遥感解译等方式，必要时可辅以走访座谈、诉状和庭审笔录查阅等方式，了解鉴定区域的自然环境状况、社会生产状况和环境损害信息，包括地理位置、地形地貌、气候气象、水文水质、地籍地类、土壤类型、土壤背景值、土地利用情况、农业生产方式、农作物种植类型、田间管理状况等信息。对于污染环境导致的农田生态系统损害，还需要了解潜在污染源的生产工艺、可能产生的特征污染物等信息。

需要注意的是，本节以列举形式展示的基本情况调查内容，是在所能考虑到的范围内提供相对全面的调查搜集内容，并不是每一起鉴定案件都要调查列出的所有信息，而是允许鉴定人员根据具体鉴定需要进行选择性调查。

7.5.2 工作方案编制

工作方案是整个鉴定评估工作的“指南针”，而工作方案的编制离不开鉴定区域基本情况的支持。在前期调查的基础上，根据已掌握的鉴定区域基本资料、自然环境状况、社会经济信息和环境损害情况，对农田生态系统可能的损害类型和时空范围作出初步判断，根据鉴定评估的需要，明确农田生态系统损害鉴定评估工作的内容，并设计相应的工作程序，通过调研分析、专家咨询、专项研究等方式，确定开展鉴定评估工作的具体方法，编制详细的工作方案，同时随着鉴定评估工作的开展对工作方案进行修正。

7.6 损害调查确认

现场调查是获取第一手资料的重要手段，也是决定鉴定质量及鉴定意见科学性的关键环节。现场调查主要是指在鉴定区域内调查破坏生态或污染环境的行为、受损对象及其他与受鉴对象受损相关的资料信息。科学的调查方法是调查工作开展的重要保障，也是确保调查内容真实性的有效手段。

本节内容根据农田生态系统损害的特点和范围，参照标准 NY/T 3665—2020 首先设置了排除性调查环节，即确定损害对象受损症状是否由气候变化、自然灾害、高背景值等因素所致，如果是由上述原因所致，则停止调查，反之则开展农田生态系统损害调查。在进行调查之前先要确定调查指标，表7.1给出了农田生态系统损害推荐调查指标，在工作过程中可参照执行。在对致害行为进行调查时，本节列出了 6 种常见的破坏生态行为（土壤物理破坏、有害生物损害、地下水超采、水土流失、土地沙化、土地盐碱化）可以调查监测的相关指标；针对污染环境行为则给出了引用标准，依照 NY/T 3025—2016 开展污染源、污染物和污染途径调查。在受损对象方面，分别针对农田土壤、农田灌溉水、农作物和农田生态系统服务功能的特点，在 7.9.2.3 节列出了更为具体的调查指标。农田土壤、农田灌溉水和农作物的监测采样及实验分析，分别依照 NY/T 395—2012、NY/T 396—2000 和 NY/T 398—2000 执行。

表 7.1 农田生态系统损害调查推荐指标

损害类型		农田生态系统要素											农田生态系统服务功能					
		农田土壤			农田灌溉水			农作物					供给服务	支持服务		调节服务		文化服务
		物理指标	化学指标	生物指标	物理指标	化学指标	生物指标	种类	产量	品质	污染物含量	生长情况相关指标	农产品供给	土壤保育	生物多样性保持	固碳功能	水源涵养	休闲旅游
													产量、面积	固土、保肥量	保持量	固碳量	滞水、蓄水量	旅游人次和水平
破坏生态	土壤物理破坏	*	#	#	#	#	#	#	#	#	#	#	*	*	*	*	#	#
	有害生物损害	*	#	*	#	#	*	*	*	*	#	*	*	#	#	#	#	#
	地下水超采	*	#	#	*	*	*	#	#	#	#	#	*	*	#	#	*	#
	水土流失	*	*	#	*	#	#	#	*	#	#	*	*	*	*	*	*	#
	土地沙化	*	*	#	*	#	#	#	*	#	#	*	*	*	*	*	*	#
	土地盐碱化	*	*	#	*	#	#	#	*	#	#	*	*	*	*	*	*	#
污染环境	污染物经大气排放	#	*	#	#	*	#	*	*	*	*	*	*	#	#	#	#	#
	污染物经水体排放	#	*	#	*	*	#	*	*	*	*	*	*	*	#	#	*	#
	固体废弃物倾倒或不当处置	*	*	#	#	*	#	*	*	*	*	*	*	*	*	*	#	#
	有毒有害物质排放	*	*	*	#	*	*	*	*	*	*	*	*	*	*	*	#	#
	农用化学品不当使用	*	*	*	#	*	*	*	*	*	*	*	*	*	*	*	#	#

注：* 表示必选指标，# 表示可选指标。
农田土壤理化指标主要包括质地、有机质、氮、磷、钾、容重、污染物、pH、全盐等；土壤生物指标主要包括土壤生物种类、密度、生物量、种群及群落特征等。
农田灌溉水物理指标主要包括色、嗅、味、浑浊度、水温、悬浮物等；化学指标主要包括特征污染物（重金属、有机物等）、pH、全盐、生物需氧量（BOD）、COD、氯化物、硫化物等；生物指标主要包括粪大肠菌群数、蛔虫卵数等。
农作物品质指标主要包括感官指标（颜色、形态、色泽、气味、口味等）、理化指标（蛋白质、淀粉、脂肪、纤维、维生素、微量元素等）等；生长情况相关指标主要包括地上部生物量、根系生物量、株高、叶面积、根长、根表面积、根体积等。

7.6.1 排除性调查

依照 NY/T 3665—2020 开展调查，排除性调查应排除损害对象受损仅由气候变化、自然灾害、高背景值等因素所致，若仅由上述原因所致，则停止调查，同时编制调查报告书；反之，则按照下述程序开展农田生态系统损害调查。

7.6.2 环境损害调查

7.6.2.1 调查指标确定

根据损害的类型与特点，选择相关指标进行调查、监测和评估，调查指标参考表 7.1。

7.6.2.2 致害行为调查

破坏生态行为导致农田生态系统损害的，收集破坏方式、破坏范围及分布等基本信息，调查破坏生态行为的起止时间、频次强度、破坏面积等，收集破坏生态行为对农田生态系统造成损害的证据资料。

(1)压占、硬化、挖损、塌陷、人工障碍层等土壤物理破坏。依照 NY/T 4155—2022 开展调查。

(2)有害生物损害。调查有害生物的来源、种类、数量、传播规律和方式、活动范围等。

(3)地下水超采可能导致的损害。调查地下水水位、开采量、地下水点位等。

(4)水土流失导致的损害。调查水土流失的成因、类型、持续时间、范围分布等信息，并开展坡度、土壤侵蚀模数、农作物覆盖度、水土保持措施、损毁类型与面积、农田及生产道路侵蚀沟、重力侵蚀等指标监测，可参照 GB 50433—2018、GB/T 51240—2018、SL 190—2007 执行。

(5)土地沙化导致的损害。调查农作物覆盖度，农田及生产道路侵蚀沟，沙地、风蚀地或流沙分布面积等。

(6)土地盐碱化导致的损害。调查土地盐碱化破坏分布范围、盐碱化程度或水平、地下水水位高低、地下水流向、是否灌溉、灌溉水与盐碱化有关的各种水化学成分等。

污染环境行为导致的农田生态系统损害,依照 NY/T 3665—2020 开展污染源、污染物和污染途径调查。

7.6.2.3 受损对象调查

(1)农田土壤。利用遥感影像、地形地貌、地籍地类等资料,结合现场勘察进行农田土壤损害调查。调查指标由鉴定人员根据鉴案实际情况参照表 7.1 执行。

农田土壤的样品采集、监测要素、监测项目、监测分析方法的确定及实验分析,依照 NY/T 395—2012 执行。

(2)农田灌溉水。利用遥感影像、水文水质、水系分布等资料,结合现场勘察进行农田灌溉水质损害调查,必要时,结合历史资料调查污水灌溉情况。具体调查指标依照 GB 5084—2021,由鉴定人员根据鉴案实际情况参照表 7.1 执行。

农田灌溉水的样品采集、监测要素、监测项目、监测分析方法的确定及实验分析,依照 NY/T 396—2000 执行。

(3)农作物。农作物损害调查依照 SF/Z JD0606002—2018 开展。调查指标由鉴定人员根据鉴案实际情况并参照表 7.1 执行。

农作物的样品采集、监测要素、监测项目、监测分析方法的确定及实验分析,依照 NY/T 398—2000 执行。

(4)农田生态系统服务功能。根据损害功能类型,通过资料收集、实地调查、专家咨询、监测采样、实验检测等方法开展调查。获取鉴定区域农田生态系统的历史和现状信息,明确损害发生前和损害期间鉴定区域的主要生态系统服务功能。农田生态系统服务功能主要包括农产品供给、土壤保育、生物多样性保持、水源涵养等,涉及物种遗传资源和文化服务功能的,对遗传资源价值和文化服务功能进行调查,参考表 7.1 和 7.9.2.3 节中公式相关参数执行。

7.6.2.4　其他

对已经开展的生态环境恢复、污染清除措施及其费用，以及可能开展的替代恢复区域的生态环境损害现状和可恢复性进行调查。

7.6.3　质量控制

（1）调查过程应系统、全面、客观，参照 GB/T 39791.2—2020 进行完整记录，调查记录应由调查人、记录人、见证人签字确认。

（2）土壤样品采集、保存流转和分析检测过程应符合 NY/T 395—2012 等规范要求，水样品采集、保存流转和分析检测过程应符合 NY/T 396—2000 等规范要求，农产品采集、保存流转和分析检测过程质量控制应符合 NY/T 398—2000 等规范要求。

（3）制作鉴定材料清单，由移交方、接收方签字确认。

（4）对于搜集获得的资料，随机抽取 5%～10%进行资料复核；对于通过人员访谈和调查表（记录表）获得的资料信息，随机抽取 5%～10%进行回访复核。若复核结果有出入，应当重新开展损害调查。

7.6.4　损害确认

7.6.4.1　基线水平确认

基线水平是指污染环境或破坏生态未发生时鉴定区域农田生态系统及其服务功能的状态，是进行损害确认的参比对象。本节内容在基线水平确认方面参照《生态环境损害鉴定评估技术指南　总纲和关键环节　第 1 部分：总纲》的规定，按照对照数据、历史数据、标准基准、专家研讨、专项研究的顺序来进行基线水平的确认。由于农田生态系统是半人工生态系统，受人为扰动多，年度间差异大，在鉴定过程中，近三年的历史数据往往难以获取，且历史数据是否可以作为基线水平还有待考证；对照区数据不仅相对容易获取，可操作性强，而且与受鉴区域其他条件一致的对照区域容易确定，故在鉴定过程中，将对照数据作为农田生态系统损害基线水平确认方法的第一顺位。在基线水平的表征方面，农田生态系统基线水平主要为受损前的农田土壤面积、体积，农田灌溉水质量，农作物产量、品质或农田生态系统服务功能状况等。具体个案基线水平的表征指标由鉴定人员根据损害现场实际情况确定，主要选择易于量化的指标进行表征。

1）基线水平确认方法

一般按照下列顺序确认基线水平：

（1）将未受破坏生态或污染环境行为影响的对照数据作为基线水平。采用在鉴定区域附近，相对未受损害的相似区域的数据作为基线水平，对照数据应具有较好的时间和空间代表性。

（2）将未受破坏生态或污染环境行为影响的历史数据作为基线水平。通过资料收集、专项调查等方法，将鉴定区域受损前权威部门公布的数据或参考公开发表的文献研究数据作为基线水平，历史数据应具有较好的时间和空间代表性，且数据获取至损害行为发生期间不存在导致农田生态系统状态发生明显变化的因素。

（3）以相关标准或基准作为基线水平。根据鉴定区域农田利用方式和服务功能，以 GB 2762—2022、GB 2763—2021、GB 5084—2021、GB 15618—2018 等标准或基准作为基线水平。

（4）以专家研讨意见确定基线水平。

（5）以上方法都无法确定基线水平的，必要情况下，可开展专项研究或模拟实验，确定农田生态系统的基线水平。

涉及土壤肥力等土壤健康指标的，优先将相关标准或基准作为基线水平，其次，以历史数据或对照数据作为基线水平；若以上数据均不可获取或仍无法准确确定基线水平，需结合专项研究或模拟实验确定基线水平。

涉及农产品的，以 GB 2762—2022、GB 2763—2021 限量值作为基线水平；若无相关标准的，利用历史数据或对照数据作为基线水平；若以上方式均不可获取，需结合专项研究或模拟实验确定基线水平。

2)基线水平表征

农田生态系统基线水平主要为受损前的农田土壤面积、厚度、体积，理化指标，农田灌溉水质，农作物产量、品质及农田生态系统服务功能状况等。个案基线水平的具体表征指标由鉴定人员根据损害现场实际情况确定。

(1)对于主要提供供给服务的农田生态系统，基线水平包括农产品产量、品质等参数。

(2)对于主要提供支持、调节服务的农田生态系统，基线水平包括固土保肥量、水源涵养量等参数。

(3)对于主要提供文化服务的农田生态系统，基线水平包括旅游人次和水平等参数。

7.6.4.2　确认损害

将鉴定区域农田土壤、农田灌溉水、农区大气、农作物、农田生态系统特征及服务功能现状与基线水平进行对比，确定鉴定区域损害事实和损害类型。满足以下条件之一的，可认定农田生态系统受到了损害：

(1)鉴定区域农田土壤、农田灌溉水、农区大气、农作物中特征污染物或有毒有害物质浓度超出基线水平，且对农田生态系统有潜在或明确的致害风险；土地利用性质为基本农田的，鉴定区域农田土壤、农田灌溉水、农区大气、农作物中特征污染物或有毒有害物质浓度超出基线水平即可确认损害。

(2)鉴定区域农田土壤、农田灌溉水、农区大气及农作物的相关理化指标(不包括污染物或有毒有害物质)与基线水平相比发生不利改变。

(3)鉴定区域农田土壤、农田灌溉水及农区大气中特征污染物或有毒有害物质浓度足以导致农作物或其他生物毒性反应。

(4)农业生物种群特征(密度、动态、相互作用、空间结构等)、群落特征(种类组成、结构、动态特征等)或农田生态系统特征(生物多样性)与基线水平相比发生不利改变。

(5)与基线水平相比，鉴定区域农田生态服务功能弱化或丧失。

(6)造成农田生态系统损害的其他情形。

7.7 因果关系分析

因果关系鉴定是在资料翔实、调查全面、证据充分的基础上，鉴定人员经过鉴定活动，就“特定受鉴对象受害与农田生态系统损害事件之间是否存在因果关系”得出确定性(肯定性或否定性)的判断意见。因果关系鉴定是农田生态系统损害鉴定评估的先决性条件，是损害量化评估的前提。只有存在因果关系，才会启动损害量化评估。

7.7.1 判定条件

7.7.1.1 破坏生态因果关系的判定条件

同时具备下列条件，可认定破坏生态行为与农田生态系统损害之间存在因果关系：

(1)存在明确的破坏生态行为；

(2)损害对象出现受损事实；

(3)破坏行为与损害事实存在相关性；

(4)破坏生态行为发生在生态环境损害之前；

(5)损害对象可以排除仅受气候变化、自然灾害、高背景值等因素的影响。

破坏生态因果关系判定的核心问题在于识别破坏生态行为，证明破坏生态行为与受损对象之间的关联性，破坏生态行为与受鉴对象损害具有时间先后顺序，两者之间的关联具有合理性、一致性和特异性。确定破坏生态行为与受鉴对象损害之间是否存在因果关系，首先要排除气候变化、自然灾害、高背景值等因素造成的农田生态系统损害，依照《农业环境损害鉴定调查技术规范》(NY/T 3665—2020)中排除性调查章节执行。

7.7.1.2 污染环境因果关系的判定条件

同时具备下列条件，可认定污染环境行为与农田生态系统损害之间存在因果关系：

(1)在损害对象中检测出特征污染物，且含量超出基线水平；

(2)疑似污染源存在向损害对象排放或者增加特征污染物的可能；

(3)无其他相似污染源，或者相似污染源对损害对象的影响可以排除或者忽略；

(4)污染环境行为发生在生态环境损害之前；

(5)损害对象可以排除仅受气候变化、自然灾害、高背景值等因素的影响。

污染环境因果关系的判定条件主要参考《农用地土壤污染责任人认定暂行办法》中认定污染行为与土壤污染之间存在因果关系的条件作出规定。其中，第一条和第二条为正向推理，第三条、第四条和第五条为反向排除，共同判定污染环境因果关系。在针对疑似污染源存在向损害对象排放或者增加特征污染物的可能作出判定时，要注意从污染物的同源性、迁移路径的合理性、受体暴露的可能性等角度开展条件(2)专项分析判断。

7.7.2　其他规定

实践中，鉴定评估案例现场变化、部分鉴材灭失的情况较为常见，针对鉴定现场发生变化或部分灭失、存在争议或不明确的，仅依照前述规定，将很难完成鉴定工作。为推进鉴定评估工作，最大限度内解决农田生态系统损害事实确认等问题，可结合模拟实验、学理分析、多元统计分析、数学分析模型等方法，开展情景再现或模拟调查，必要时辅以专家论证，开展鉴定评估工作，但要以技术条件可以达到、具备基本鉴定条件为限。具体情况由鉴定单位和鉴定人员根据鉴案实际情况而定。

7.8　损害实物量化与恢复方案制定

7.8.1　损害程度和范围量化

农田生态系统损害的实物量化包括损害程度量化和损害范围量化，其中损害范围量化又分为时间范围量化和空间范围量化。农田生态系统损害时间范围由损害开始时间与基本恢复方案的持续时间共同确定。农田生态系统不可恢复,则为永久性损害,此时的损害时间由鉴定人员根据实际情况确定。空间范围量化是在鉴定区域不明确时进行边界划分的关键步骤,主要根据不同的损害类型结合破坏生态特点、污染物扩散行为、农作物受害表征及基线水平表征的关键指标具体确定。损害程度量化指农田生态系统受损害现状与基线水平相比较减少或降低的程度。

7.8.1.1 损害程度量化

农田生态系统的损害程度由农田土壤、农田灌溉水及农区大气等环境要素,以及农产品、生态系统特征及服务功能等要素的损害情况综合确定,确定方法可采用层次分析法,由鉴定人员根据现场调查情况,或邀请相关领域专家对要素进行打分,分析要素影响程度的相对大小,按照要素权重综合确定受损程度。要素中涉及多个指示性指标的,可按层次分析法获取各个指示性指标权重,确定各要素受损程度。

1)农产品

农产品损害程度按下列方法进行确定:

(1)农产品受损但可自行恢复,不影响当期农产品产量和品质的,可视为未受损。

(2)当农产品处于以下情形之一时,损害程度可视为100%:

①农产品死亡率达到100%;

②农产品可食用部分中特征污染物浓度超过基线水平;

③农产品受损程度严重且失去原有经济价值。

(3)当农产品处于其他情形时,按式(7.1)确定农产品实物量化指示性指标受损程度。

$$K_i = \frac{|B_i - S_i|}{B_i} \times 100\% \tag{7.1}$$

式中,K_i——鉴定区域农产品实物量化指示性指标的受损程度;

B_i——农产品实物量化指示性指标的基线水平;

S_i——农产品实物量化指示性指标受损后的现状水平。

2)其他要素

基于农田土壤、农田灌溉水、农区大气等环境要素,以及生态系统特征及服务功能实物量化指示性指标水平与基线水平,确定受损程度,见式(7.2)。

$$K_j = \frac{|B_j - S_j|}{B_j} \times 100\% \tag{7.2}$$

式中,K_j——鉴定区域环境要素、生态系统特征及服务功能实物量化指示性指标的受损程度;

B_j——环境要素、生态系统特征及服务功能实物量化指示性指标的基线水平;

S_j——环境要素、生态系统特征及服务功能实物量化指示性指标受损后的现状水平。

7.8.1.2　损害范围量化

农田生态系统损害范围量化包括空间范围量化和时间范围量化。

根据鉴定事项、农田生态系统损害确认及损害程度量化结果,结合破坏生态类型及特点、特征污染物或有毒有害物质迁移扩散行为、受鉴对象受害表征或受损特征等,综合确定损害空间范围。

(1)以破坏生态为主的,基于破坏行为特征,结合地籍地类规划、损害前后现场调查与监测、遥感影像与现场测绘数据等,确定损害前后农田生态系统状况,量化农田生态系统损害空间范围。

(2)以污染环境为主的,结合污染源存续时间、土壤中特征污染物含量及其迁移转化方式、农作物受害表征及存续时间等,采取加密监测、插值等方法综合确定。

根据农田生态系统损害发生至恢复到基线水平的持续时间来确定损害的时间范围。农田生态系统不可恢复的,则为永久性损害,永久性损害持续时间一般按100年计算。

7.8.2 可恢复性评价

在制定恢复方案前,需要根据农田生态系统损害实际情况进行可恢复性评价,通过文献调研、专家咨询、案例研究、模拟实验等方法,评价受损农田生态系统及其服务功能恢复至基线水平的经济、技术和操作的可行性。经评价,可以通过修复措施完全或部分恢复且不存在期间损害的,制定基本恢复方案;需要实施补偿性恢复的,同时需要评价补偿性恢复方案的可实施性。

7.8.3 恢复方案制定和期间损害计算

7.8.3.1 基本恢复方案制定

1)恢复目标确定

经评估可恢复的农田生态系统损害,制定基本和补偿性恢复方案时,首先要确立恢复目标,原则上以基线水平作为恢复目标;对于生长条件严重受损、难以恢复到基线水平,或者不具备经济、技术和操作可行性的,恢复后的土壤中目标污染物含量降低到 GB 15618—2018 规定的筛选值以下(含),质量和生产力水平不低于 TD/T 1036—2013 中对应区域、对应类型农用地复垦质量控制标准,其与基线水平之间不可恢复的部分,可以采取适合的替代性恢复方案或采用环境价值评估方法进行价值量化。

(1)主要提供供给服务功能的,选择农田土壤面积、农产品产量、农产品品质等参数作为基本和补偿性恢复方案的评价指标。

(2)主要提供支持、调节服务的,选择农田面积、固土保肥量、水源涵养量等参数作为基本和补偿性恢复方案的评价指标。

(3)主要提供文化服务的,选择旅游人次和水平等参数作为基本和补偿性恢复方案的评价指标。

(4)涉及污染环境行为的,还应以土壤环境质量指标以及农作物体内污染物浓度作为基本恢复方案的评价指标。

2)恢复技术筛选

基本恢复方案的恢复技术依照下述规则筛选，主要包括恢复模式确定、恢复技术筛选、恢复技术验证和恢复技术确认：

(1)恢复模式确定。基于破坏生态或污染环境行为的特点，依照 GB/T 16453.1—2008、NY/T 3499—2019 选择恢复模式。

(2)恢复技术筛选。恢复模式确定后，参考相似案例，结合农田生态系统损害特征、程度、范围和生态系统特性，确定恢复技术，具体恢复技术可参照 GB 50288—2018、GB/T 30600—2022、GB/T 16453.1—2008、GB/T 39792.1—2020 等标准进行筛选。或采用专家评分的方法，通过设置评价指标体系和权重，对不同恢复技术进行评分排序，提出一种或多种备选恢复技术。

(3)恢复技术验证。对拟采用的恢复技术进行可行性验证，选择与鉴定区域条件相似的农田生态系统开展田间试验，或者直接在鉴定区域选择小块土壤开展田间试验。若恢复技术已在与鉴定区域相似的农田生态系统有成功的田间应用案例，可组织专家通过分析案例数据和报告等来对恢复技术进行论证，通过论证后可不再开展田间试验。

(4)恢复技术确认。根据恢复技术的验证结果，综合经济性、可行性等因素，最终确定鉴定区域内农田生态系统的恢复技术。

3)恢复方案编制

在恢复范围、目标、模式、技术确定后，确定开展基本恢复和补偿性恢复的具体方法，结合损害实际情况编制详细的农田生态系统恢复实施方案。

7.8.3.2　期间损害量化

期间损害量化是指对农田生态系统从损害开始发生到恢复至基线水平整个期间生态系统提供服务功能的丧失或减少情况，基于等值分析法进行计算，并通过期间损害的大小来计算补偿性恢复的规模。

一般情况下自农田生态系统损害发生到恢复至基线水平的持续时间大于一年的，应计算期间损害，制定基本恢复方案和补偿性恢复方案；小于等于一年的，仅需制定基本恢复方案。对于涉及农产品损害的，应考虑农产品的种养殖时间、收获次数及收获时间，确定期间损害的时间范围。

一般选择表征损害时空范围或损害程度中损害和恢复时间最长的指标作为期间损害的量化指标。期间损害的计算方法参照 GB/T 39791.1—2020 执行。

(1)以供给服务功能为主的,在农田生态系统未受损前已投入农产品生产使用的,基本恢复方案实施期间农田无法种植农产品的,按修复期间农产品市场价格计算;在农田生态系统未受损前未投入农产品生产使用,且基本恢复方案实施修复期间也无计划投入使用的,按资源等值分析法计算。

(2)以文化服务功能为主的,按价值等值分析法计算。

(3)以其他服务功能为主的,优先采用资源等值分析和服务等值分析方法计算。

7.8.3.3 补偿性恢复方案制定

补偿性恢复方案制定的原则和方法参照 GB/T 39791.1—2020。

补偿性恢复的规模取决于期间损害的大小,此外应当根据补偿性恢复方案的类型,确定表征补偿性恢复水平的指标,可参考 7.8.3.1 节恢复目标确定部分。

7.9 损害价值量化

农田生态系统损害评估遵循恢复优先、不能恢复的进行环境资源价值量化的基本思路。若农田生态系统损害可恢复,则选择适宜的恢复技术进行恢复,计算恢复的直接费用和间接费用;若不可恢复,则进行农田生态系统资源环境价值量化,本章 7.9.2.2 节和 7.9.2.3 节给出了相应的计算公式。

7.9.1 一般规定

(1)污染环境或破坏生态行为发生后,为减轻或消除污染或破坏对农田生态系统的危害而发生的污染清除费用,以实际发生费用为准,并对实际发生费用的必要性和合理性进行判断。

(2)可恢复的农田生态系统损害采用恢复费用法计算。

(3)不可恢复的农田生态系统损害可采用市场价值法、替代成本法、旅游费用法、支付意愿法等方法,计算农田生态系统资源环境价值量。

7.9.2　量化方法

7.9.2.1　恢复费用法

恢复费用包括直接费用和间接费用。其中,直接费用包括生态环境恢复工程主体设备、材料、工程实施等费用,间接费用包括恢复工程监测、工程监理、环境监理、质量控制、安全防护、二次污染或破坏防治等费用。恢复费用按照如下优先级顺序选择计算方法:实际费用统计法、费用明细法、承包商报价法、指南或手册参考法、案例比对法,具体参照 GB/T 39791.1—2020、GB/T 39792.1—2020。相关成本和费用以恢复方案实施当地的实际调查数据为准。

采用自然恢复、植物修复或田间管理修复的,以实际费用支出、市场价值法等估算恢复费用。

7.9.2.2　环境资源价值量化法

(1)主要提供供给服务功能的,采用市场价值法对供给服务功能损失进行量化,计算方法参照 7.9.2.3 节。

(2)损害前具有支持、调节服务功能的,通过资料收集、走访座谈、问卷调查、专家咨询、监测采样、实验检测等方法,获取需要的技术参数,根据 7.9.2.3 节获取支持、调节服务功能的实物量与价值量。

(3)损害前提供文化服务的,通过调查获得休闲旅游人次等参数,并采用旅游费用法对农田生态系统的文化服务功能损失进行量化,计算方法参照7.9.2.3 节。

(4)对于农业遗传物种资源,计算方法参照 HJ 627—2011。

(5)农田生态系统资源环境价值量按式(7.3)计算。

$$V_{\mathrm{f}}=\sum_{i}\sum_{t=t_n}^{t_n}V_{\mathrm{s}}(1+r)^{T-t} \tag{7.3}$$

式中，V_f——农田生态系统损害价值；

i——受损服务功能类型；

V_s——受损农田的生态系统服务功能价值；

r——贴现(或复利)率；

t——评估期内的任意给定年($t_0 \sim t_n$)；

T——评估基准年；

$t = t_0$——损害起始年；

$t = t_n$——损害终止年。

7.9.2.3 农田生态系统服务功能损害评估方法

1)供给服务功能

农产品供给实物量按式(7.4)计算，若损害前种植的农产品，在恢复期间仍作为农民收入来源且无法再种植农产品的，期间损害实物量不考虑贴现。

$$L_p = \sum_{i=1}^{n} (D_i A_i T) \tag{7.4}$$

式中，L_p——破坏生态或污染环境导致农产品产量下降的实物量(kg/a)；

D_i——正常年份 i 类农产品单位面积产量[kg/(hm^2 · a)]；

A_i——i 类农产品的农田土壤受损面积(hm^2)；

T——每年受损农产品收获次数；

n——受损农产品种类。

农产品供给价值量按式(7.5)计算：

$$V_p = \sum_{i=1}^{n} (L_{pi} \times P_{pi}) \tag{7.5}$$

式中，V_p——破坏生态或污染环境导致农产品产量下降的价值量(元/a)；

L_{pi}——破坏生态或污染环境导致 i 类农产品产量下降的实物量(kg/a)；

P_{pi}——正常年份 i 类农产品的价格(元/kg)；

n——受损农产品种类。

2)支持服务功能

(1)土壤保育功能

①固土功能。固土实物量按式(7.6)计算：

$$L_g = 10^{-2}\sum_{i=1}^{n}\frac{A_i(X_{ni}-X_{pi})}{\rho_i \times h_i} \tag{7.6}$$

式中，L_g——破坏生态或污染环境导致固土功能下降的实物量（hm^2/a）；

A_i——i 类土壤受损面积（hm^2）；

X_{ni}——i 类土壤受损后土壤侵蚀模数[$t/(hm^2 \cdot a)$]；

X_{pi}——i 类土壤受损前土壤侵蚀模数[$t/(hm^2 \cdot a)$]；

ρ_i——i 类土壤容重（t/m^3）；

h_i——i 类表层土平均厚度（cm）；

n——受损土壤类型；

10^{-2}——单位换算系数。

其中土壤侵蚀模数以政府相关部门公布或实地调查获取的数据为准，优先使用政府相关部门公布的数据，若无相应数据，可通过实地测量或者采用土壤侵蚀数学模型获取，实地测量方法和采用的数学模型可参照SL 190—2007。

固土价值量按式（7.7）计算：

$$V_g = \sum_{i=1}^{n}(L_{gi}B_i) \tag{7.7}$$

式中，V_g——破坏生态或污染环境导致固土功能下降的价值量（元/a）；

L_{gi}——破坏生态或污染环境导致 i 类土壤固土功能下降的实物量（hm^2/a）；

B_i——i 类土壤单位面积保持工程费用（元/hm^2）；

n——受损土壤类型。

②保肥功能。保肥实物量按式（7.8）计算：

$$L_f = \sum_{i=1}^{n} A_i \times C_i(X_{ni}-X_{pi}) \tag{7.8}$$

式中，L_f——破坏生态或污染环境导致保肥功能下降的实物量（t/a）；

C_i——i 类土壤中养分含量实测值（%）；

n——受损土壤类型；

其他符号意义同前。

保肥价值量按式（7.9）计算：

$$V_f = \sum_{i=1}^{n}(L_{fi} P_i) \tag{7.9}$$

式中，V_f——破坏生态或污染环境导致保肥功能下降的价值量(元/a)；

L_{fi}——破坏生态或污染环境导致第 i 种养分保肥功能下降的实物量(t/a)；

P_i——含有 i 类养分肥料的市场价格(元/t)；

n——养分种类。

(2)生物多样性保持功能

采用支付意愿法估算生物多样性损失，计算方法参照 GB/T 39792.2—2020 中附录 A 中的 A.2.2.1。

3)调节服务功能

(1)固碳功能

固碳功能实物量按式(7.10)计算：

$$L_c = (Q_{c1} - Q_{c2})A \tag{7.10}$$

式中，L_c——破坏生态或污染环境导致土壤固碳功能下降的实物量(kg/a)；

Q_{c1}——土壤受损前单位面积土壤年度固碳量[kg/(hm² · a)]；

Q_{c2}——土壤受损后单位面积土壤年度固碳量[kg/(hm² · a)]；

A——土壤受损面积(hm^2)。

单位面积土壤年度固碳量的计算参考式(7.11)：

$$Q_c = \frac{\mathrm{SOC}_T - \mathrm{SOC}_0}{T} \tag{7.11}$$

式中，Q_c——单位面积土壤年度固碳量[$kg/(hm^2 \cdot a)$]；

SOC_T——评估期末年单位面积土壤有机碳含量(kg/hm^2)；

SOC_0——评估期初始年单位面积土壤有机碳含量(kg/hm^2)；

T——评估年限(a)。

单位面积土壤有机碳含量的计算参考式(7.12)：

$$\mathrm{SOC} = 100\rho h O_M \beta \tag{7.12}$$

式中，SOC——单位面积土壤有机碳含量(kg/hm^2)；

ρ——土壤容重(g/cm^3)；

h——表层土壤平均厚度(cm)；

O_M——表层土壤有机质含量(g/kg)；

β——土壤有机碳与土壤有机质的转化系数，取0.58；

100——单位换算系数。

固碳功能价值量按式(7.13)计算：

$$V_c = L_c P_c \tag{7.13}$$

式中，V_c——破坏生态或污染环境导致土壤固碳功能下降的价值量(元/a)；

L_c——破坏生态或污染环境导致土壤固碳功能下降的实物量(kg/a)；

P_c——固碳成本(元/kg)，固碳成本采用工业减排成本与市场价值法(碳交易价格)确定。

(2)水源涵养功能

①水田。地表滞水实物量按式(7.14)计算：

$$L_d = A(h_1 - h_2) \tag{7.14}$$

式中，L_d——破坏生态导致水田地表滞水下降的实物量(m^3/a)；

A——水田受损面积(m^2)；

h_1——水田受损前正常状态下最大滞水高度(m/a)；

h_2——水田受损后最大滞水高度(m/a)。

地表滞水价值量按式(7.15)计算：

$$V_d = L_d C_Q \tag{7.15}$$

式中，V_d——破坏生态导致水田地表滞水下降的价值量(元/a)；

L_d——破坏生态导致水田地表滞水下降的实物量(m^3/a)；

C_Q——水库单位库容蓄水成本(元/m^3)。

②旱地。土壤蓄水实物量按式(7.16)计算：

$$L_s = 100\sum_{i=1}^{n} D_i \varphi_i A_i \tag{7.16}$$

式中，L_s——破坏生态导致旱地土壤蓄水下降的实物量(m^3/a)；

D_i——i类土层厚度(cm/a)；

φ_i——i类土层非毛细管孔隙度；

A_i——i类土壤受损面积(hm^2)；

100——单位换算系数。

土壤蓄水价值量按式(7.17)计算：

$$V_s = L_s C_Q \tag{7.17}$$

式中，V_s——破坏生态导致旱地土壤蓄水下降的价值量(元/a)；

L_s——破坏生态导致旱地土壤蓄水下降的实物量(m^3/a)；

C_Q——水库单位库容蓄水成本(元/m^3)。

4)文化服务功能

当受损农田生态系统有休闲娱乐、旅游等服务功能时，采用旅游收入法进行评估，按式(7.18)～式(7.20)计算：

$$V_r = \sum_{j=1}^{J} N_j \, \mathrm{TC}_j \tag{7.18}$$

$$\mathrm{TC}_j = T_j W_j + C_j \tag{7.19}$$

$$C_j = C_{\mathrm{tc},j} + C_{\mathrm{lf},j} + C_{\mathrm{ef},j} \tag{7.20}$$

式中，V_r——鉴定区域农田生态系统休闲旅游价值(元/a)；

N_j——j地到鉴定区域旅游的总人数(人/a)，$j=1,2\cdots,J$(J表示来鉴定区域旅游的游客所在区域)；

TC_j——来自j地的游客的平均旅行成本(元/人)；

T_j——来自j地的游客用于旅途和核算旅游地点的平均时间(d/人)；

W_j——来自j地的游客的当地平均工资[元/(人·d)]；

C_j——来自j地的游客花费的平均直接旅行费用(元/人)，其中包括游客从j地到鉴定区域的交通费用$C_{\mathrm{tc},j}$(元/人)、食宿花费$C_{\mathrm{lf},j}$(元/人)和门票费用$C_{\mathrm{ef},j}$(元/人)。

7.10 其他规定

破坏生态行为、污染环境行为仅对农作物、土壤等农业资源造成财产性损失的，相关技术标准已作出规定，依照《农业环境损害事件损失评估技术准则》(NY/T 1263—2022)、《农用地土壤环境损害鉴定评估技术规范》(NY/T 4155—2022)、《农业环境损害鉴定调查技术规范》(NY/T 3665—2020)、《农业环境污染损害鉴定技术导则》(NY/T 3025—2016)、《农业环境污染事故司法鉴定经济损失估算实施规范》(SF/Z JD0601001—2014)及《农作物污染司法鉴定调查技术规范》(SF/Z JD0606002—2018)开展鉴定评估工作。

7.11 恢复效果评估

恢复效果评估是检验农田生态系统恢复是否达到预期目标的关键环节。本节给出了农田生态系统恢复效果评估内容、方法与标准,要求制定恢复效果评估计划,通过现场观测、现场调查、遥感观测、问卷调查、采样分析等方式,定期跟踪农田土壤、农田灌溉水、农作物及农田生态系统服务功能的恢复情况,全面评估恢复效果是否达到预期目标;如果未达到预期目标,应进一步采取相应措施,直到达到预期目标为止。

7.11.1 评估时间

方案实施完成后,农田土壤、农田灌溉水、农作物及农田生态系统服务功能水平基本达到稳定时,对恢复效果进行评估,观测农田土壤理化性质、土壤肥力指标、农田灌溉水质量、农作物生长状况、产量品质水平、农田生态系统服务功能恢复情况等,直到受损农田生态系统完全恢复至基线水平。

7.11.2 评估内容和标准

恢复过程合规性,即恢复方案实施过程需满足相关标准规范要求,不可产生二次损害。

恢复效果达标性,即根据恢复方案中设定的恢复目标,对恢复效果进行评估。

7.11.3 评估方法

(1)现场踏勘。通过现场踏勘,了解农田土壤、农田灌溉水、农作物及农田生态系统服务功能恢复进展，判断恢复是否达到预期目标；观察生态系统服务功能必选指标的恢复情况，确定调查、观测时间、周期和频次，对农作物生长状况进行拍照。

(2)采样与监测分析。参照7.6.2.3节受损对象调查部分执行。

(3)分析比对。采用分析比对法，对照农田生态系统恢复方案，依照相关标准规范，分析农田土壤、农田灌溉水、农作物及农田生态系统服务功能恢复过程中各项措施与方案的一致性；分析恢复过程中的相关调查、监测数据，判断是否产生二次损害和其他生态影响；综合评价农田生态系统恢复过程的合规性与合理性。

(4)问卷调查。通过设计调查表或调查问卷，调查恢复措施所提供的生态系统服务功能类型和服务量，判断是否达到恢复目标；调查公众与其他相关方对恢复过程和结果的满意度。

7.11.4 补充性恢复方案制定

农田生态系统恢复方案实施后未达到恢复目标的，需要进一步制定补充性恢复方案，使受损的农田生态系统实现既定恢复目标。

补充性恢复完成后，应当开展恢复效果评估。

7.12 报告编制

7.12.1 损害鉴定评估报告编制

鉴定评估工作完成后，根据委托方的要求，需要编写司法鉴定意见书或鉴定评估报告。在编写过程中，司法鉴定意见书参照《司法部关于印发司法鉴定文书格式的通知》(司发通〔2016〕112号)中的格式书写；鉴定评估报告参照GB/T 39791.1—2020中附录A生态环境损害鉴定评估报告书的编制要求书写。

7.12.2　恢复效果评估报告编制

应当编制独立的农田生态系统恢复效果评估报告，恢复效果评估报告参照 GB/T 39791.1—2020 编写。主要内容和要求包括：农田土壤、农田灌溉水、农作物及农田生态系统服务功能恢复效果评估内容、标准、评估过程所采用的方法及评估结果；恢复过程规范性评价所依据的标准和评估结果；恢复效果评估调查方案和依据、调查方法及调查结果；采用调查问卷或调查表对恢复效果和公众满意度进行调查的，还应包括问卷主要内容和获得的结果。

7.13　报告送达

鉴定评估报告或司法鉴定意见书一般应当一式四份，三份交委托方收执，一份由鉴定评估机构存档。结果报告份数与委托方有约定的，从其约定。

鉴定评估机构应当按照有关规定或者与委托方约定的方式，向委托方发送鉴定评估报告或司法鉴定意见书。

结果报告发送时，鉴定评估机构交接人应清点需返回委托方的鉴定资料，做好交接记录。当面提交的，双方签字为凭；依约邮寄送达的，以邮寄回执及内附清单为凭。

委托方对鉴定过程、鉴定评估报告或司法鉴定意见书提出询问的，鉴定评估机构应当给予解释和说明。

7.14　过程记录

鉴定评估机构应当建立适应生态环境损害鉴定评估或司法鉴定工作的质量管理体系。鉴定人员在鉴定评估活动中应按本机构质量管理体系的规定及时、客观、全面地做好过程记录并对其进行保存。

过程记录分为管理类记录和技术类记录。管理类记录应当包括：委托受理、合同、鉴定材料交接、与委托方沟通交流等的情况以及来自第三方的与鉴定评估相关的其他记录等。技术类记录应当包括:现场踏勘、人员访谈、环境监测、问卷调查、样带样方调查等。记录的内容应当真实、客观、准确、完整、清晰。

鉴定评估项目组设专人负责汇总鉴定评估组成员的过程记录、原始数据、图片等资料,并集中妥善保存。

7.15 档案管理

鉴定评估机构应指派专职档案管理人员,承担档案管理职责。

鉴定评估项目组完成鉴定事项后,应当按照规定将鉴定评估报告或司法鉴定意见书以及在鉴定评估过程中形成的有关材料进行整理,移交档案管理人员归档。

归档的内容包括但不限于委托书、合同、鉴定材料、鉴定评估过程中产生的相关材料(过程记录、图标、图片、数据)、成果报告等。

档案管理员应按照有关规定详细核对归档材料,并按机构质量管理体系要求做好档案管理。

7.16 磋商与诉讼

鉴定人员可受邀参加生态环境损害赔偿磋商,就生态环境损害事实、调查结论和损害鉴定评估结论向赔偿权利人或赔偿义务人进行说明。

赔偿权利人提起生态环境损害赔偿民事诉讼时,鉴定人员依法出庭接受法庭的质询,是其应当履行的义务。

人民法院通知鉴定人员出庭作证的,应当依法在开庭三日前将通知书送达鉴定评估机构,并给予鉴定人员必要的在途时间。鉴定评估机构应当支持鉴定人员出庭作证,为其出庭提供必要条件。

鉴定评估机构接到出庭通知后,应当及时与人民法院确认出庭的时间、地点、人数、要求等。

出庭质证前,鉴定人员应了解法院、赔偿义务人对鉴定评估报告或鉴定意见书提出的疑问和争议的焦点，做好质证材料准备。

鉴定人员按出庭通知上规定的时间准时出庭，并向法庭出示身份证明与执业证书等资格证明。

鉴定人员出庭质证，应当举止文明，遵守法庭纪律，言词严谨，如实回答与鉴定事项有关的询问。对于与鉴定无关的事项，可以拒绝回答。

法庭质证完毕后，鉴定人员应对质证笔录进行仔细的阅读，核对无误后签名，征得法官同意后退庭。

第四篇　教学案例

第 8 章　农用地土壤环境损害典型案例解析

8.1　教学要点

本案例采用第 3 章诊断识别中的叶片表观症状诊断识别方法识别菠菜受害症状，采用第 5 章中的基线确定方法通过受害叶片与对照叶片对比分析，确认菠菜受损事实；依据《农业环境损害鉴定调查技术规范》(NY/T 3665—2020)，采用现场调查、问询、实地勘察等方式，开展农用地土壤、菠菜损害鉴定调查，通过污染源调查、致害途径调查、受鉴对象调查(样品采集及检测)，确定受损菠菜田块分布和面积；依据第 6 章中的因果关系判定条件，采用第 3、4、6 章样品检测、毒性模拟实验、物质全扫等方法，根据致害原因，筛选具体致害因子，进行因果关系分析；采用第 2 章中的损失评估等知识，划分单元田间测产等方法，确定单位面积菠菜实物量损失和价值损失。

8.2　基本案情

菠菜种植户在内蒙古自治区某地种植菠菜的过程中，施用某肥料后菠菜严重受损，未施用该肥料的菠菜正常生长，怀疑菠菜生长受损与施用肥料有关。

8.3 鉴定过程

8.3.1 排除性调查

通过资料收集法、人员访谈法、观察法、摄录法等现场调查技术，开展现场菠菜损害症状和肥料调查，结合肥料腐熟度的实验结果，排除气候气象、工业污染、农药、病虫害以及田间管理的影响，初步判断菠菜生长受损与施用某肥料存在相关性。

8.3.2 损害调查

8.3.2.1 受损特点

受鉴地块离散分布于多个乡镇，相对独立，均施用了疑似致害肥料，前后不同时间段种植的菠菜相继出现了相似的受损症状。受损菠菜生长状态与菠菜品种、种植方式、风力风向、分布区域关系不大。未施用疑似致害肥料的菠菜长势正常。

8.3.2.2 受损症状

受损菠菜地上部植株矮小，停滞在苗期状态，生长显著受抑，叶片尖部轻微发黄、卷曲，伴有零星死亡，根系仅为乳白色主根，无侧根和毛细根，部分菠菜根系有发黑现象；表层土壤中可见未融化的黑色肥料颗粒，主要分布在 0～15 cm 土层，现场菠菜受损情况见图 8.1。

图 8.1　现场菠菜受损情况

8.3.2.3　肥料调查

肥料为深棕色或灰色和白色混合球状固体颗粒。随机采集 3 份肥料样品开袋后，均有明显刺鼻的气味。肥料样品情况见图 8.2。

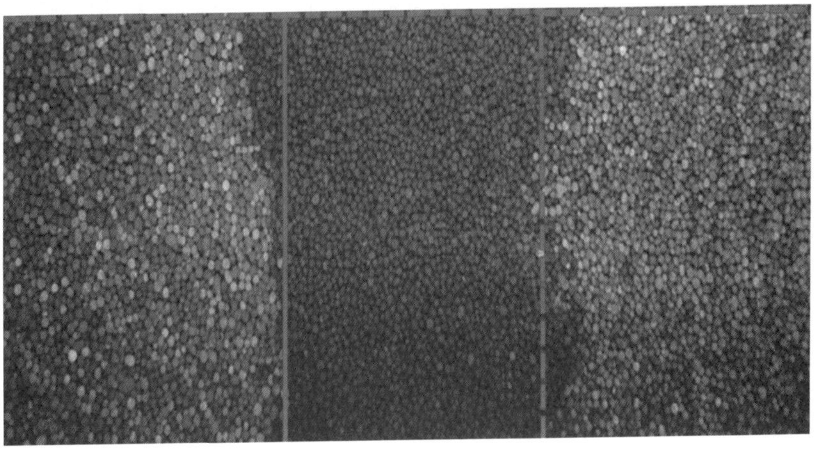

(a)有机肥 1　　(b)有机肥 2　　(c)有机肥 3

图 8.2　某肥料样品

依据《有机肥料》(NY/T 525—2021)，有机肥 pH 技术指标应在 5.5～8.5。肥料样品中，有机肥 3 的 pH 略低于指标要求，另外两个有机肥样品的 pH 均在指标要求范围内；三个样品种子发芽指数均为 0，不符合 NY/T 525—2021 中的技术指标要求；根据《复合肥料》(GB/T 15063—2020)和 NY/T 525—2021，未标"含氯"的肥料产品，氯离子的质量分数应不高于 3.0%，标识

"含氯(低氯)"的产品,氯离子的质量分数应不高于15%。

8.3.3 模拟实验

菠菜种植第7天、第14天(见图8.3),不同处理组的菠菜生长状态均呈现显著差异,其中没有施加某肥料的处理组(Y0F0与Y0F85)出苗较快,株高相近,叶片大小和数量相同。施加某肥料的处理组出苗缓慢,生长滞后,相比未施加某肥料的处理组植株矮小,且叶片有轻度黄化现象,生长受到显著抑制,某肥料施加浓度越高,菠菜长势越差。

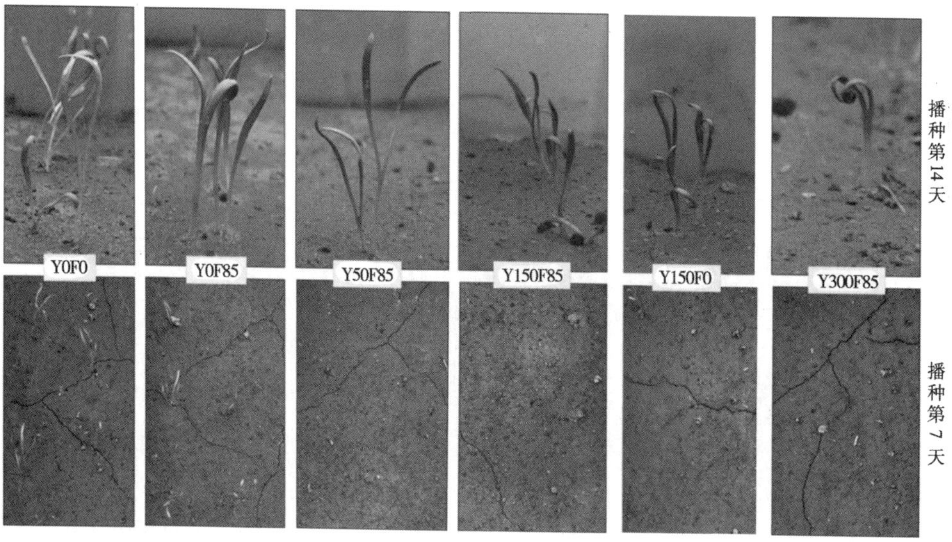

图8.3 不同处理组菠菜第7天、第14天生长状态

播种后第18天(见图8.4),没有施加某肥料的处理组(Y0F0、Y0F85)菠菜地上株高约7 cm,均为2片子叶,叶片正常伸展,主根长度大于2 cm,有少量侧根;施加某肥料的处理组株高均低于Y0F0、Y0F85组,主根短且无侧根,随着某肥料浓度的增加,株高缩短,叶尖卷曲加重,主根变短,生长受抑。

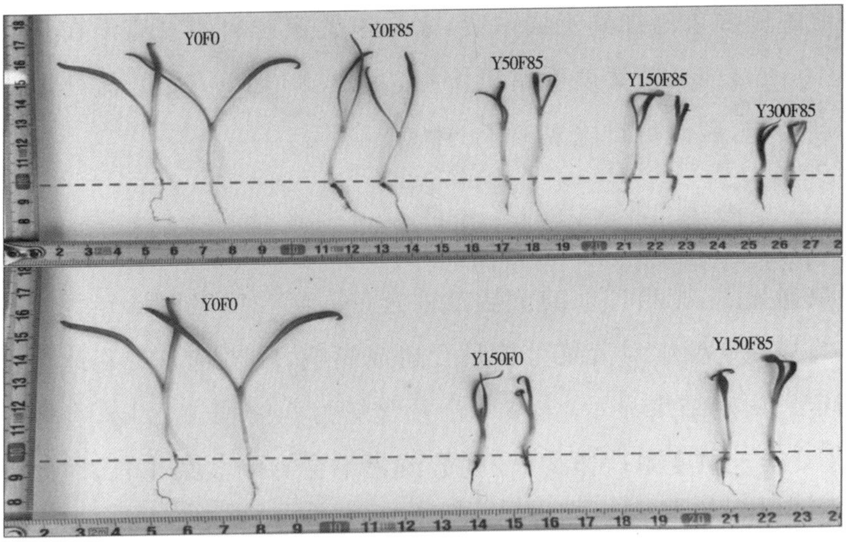

播种第18天

图 8.4　不同处理组菠菜第 18 天生长状态

8.3.4 因果关系分析

由排除性调查得知，受损菠菜可排除气候气象条件、工业污染、农业投入品以及田间管理的影响，但无法排除肥料的影响。

8.3.4.1 腐熟度

肥料在发酵过程中会产生 H_2S、NO 等难闻的气体，经过良好堆肥处理后这些气味逐渐减弱，并在堆肥结束后消失。本案肥料商品伴有较强的刺激性气味，表明堆肥过程存在一定问题。腐熟后的肥料产品应当呈黑褐色或黑色，而该肥料颗粒中灰色、白色混合物居多。检测结果表明，种子发芽指数全部为 0%，不符合 NY/T 525—2021 中技术指标要求(种子发芽指数≥70%)。综合可知，肥料腐熟度过低。菠菜属于生育期较短作物，受鉴肥料腐熟度过低，施入土壤后对菠菜正常生长具有一定的致害风险。

8.3.4.2 氯离子含量

检测数据显示，某肥料样品中的氯离子含量为 6.35%～8.19%，经估算，将肥料按照施肥要求施加到土壤中后，来自本鉴定肥料的氯离子在土壤中含量不高于 100 mg/kg；菠菜属于耐氯作物，100～800 mg/kg 的氯处理对菠菜生长无不利影响，因此可排除氯离子的影响。

8.3.4.3 全盐含量

检测数据显示，肥料样品的全盐含量为 181.4～211.3 g/kg。为了进一步确认肥料施加到土壤中对菠菜生长是否造成影响，随机选取受鉴地块土壤样品进行测定。测定结果显示，土壤中全盐含量为 0.9～1.1 g/kg，有轻度盐渍化趋势；菠菜属于中度耐盐作物，轻度盐渍化不会影响菠菜生长，因此可排除全盐含量的影响。

8.3.4.4 有机物

在肥料样品中检测出邻苯二甲酰亚胺、萘、N-甲基邻苯二甲酰亚胺有机物，土壤中未检出，这是因为经过土壤老化过程，有机物已经从土壤中迁移或转化为其他物质。通过样品检测分析，确定了土壤样品与肥料具有同源性的有机物，包括 1-碘十四烷、2-氨基-4-(哌啶甲基)-4-哌啶基-*s*-三嗪、1,3-双(1,1-二甲基乙基)-苯、4,4′-亚乙基双(N,N-二乙基)-3-甲基-苯丙胺、4,4′-[(1-甲基亚乙基)双(4,1-苯氧基)]双苯胺，以苯类物质为主，其中肥料和土壤样品中苯系物 1,3-双(1,1-二甲基乙基)-苯的含量水平最高。1,3-双(1,1-二甲基乙基)-苯是一种挥发性有机物，常作为代谢物或中间体被检测出：可在杀虫剂氯吡硫磷与聚乙烯的细菌转化产物中检出，或在人类肿瘤细胞 THP1 细胞、羊肚菌、木糖氧化无色杆菌、鲜驴奶、芒果酒中产生的挥发性有机物中检出，或在废木质素电化学转化过程中和 X 射线辐照后的奶酪包装上检出。除此以外，有报道表明，1,3-双(1,1-二甲基乙基)-苯可以用来评价土壤中石油烃总量的污染水平。未发现该物质对土壤或植物具有毒性作用。

8.3.4.5 损害结果分析

根据损害源分析，可排除肥料中氯离子、全盐含量、pH 的影响，但肥料腐熟度指标异常。未完全腐熟的肥料施加到土壤中，可能造成有机质不稳定，阻碍菠菜根系对营养物质的吸收，并在根区形成厌氧条件，导致土壤处于暂时性缺氧状态，致使菠菜根系生长条件恶化。肥料进入土壤后，可能发生“二次发酵”，产生有机酸以及氮氧化物等有毒有害物质，影响菠菜生长，严重时甚至可能导致菠菜死亡。

通过现场调查可知，不同地块菠菜受损均与施用肥料有关联。为了进一步确认某肥料对菠菜生长是否造成影响，进行了模拟实验。实验结果表明，没有施加肥料的处理组株高和长势相近，施加肥料的处理组长势均受到抑制，且随着肥料浓度的增加受抑制的程度越明显。模拟实验中施加肥料的菠菜受损，且症状与受鉴地块菠菜受损症状相似。

8.3.5 损失评估

8.3.5.1 估算依据

依据《农业环境污染事故司法鉴定经济损失估算实施规范》(SF/Z JD0601001—2014)，农产品产量损失可采用如下计算公式：

$$L_y = \sum_{i=1}^{n}(D_i a A_i P_{yi} - F_i) \tag{8.1}$$

式中，L_y——污染事故导致的各类农产品经济损失(元)；

D_i——正常年份 i 类农产品单位产量[kg/hm^2(头、只、匹)]；

a——受污染事故影响 i 类农产品减产幅度(%)；

A_i—— i 类农产品受害面积或数量[hm^2(头、只、匹)]；

P_{yi}—— i 类农产品价格[元/kg(头、只、匹)]；

F_i—— i 类农产品的后期投资(元)；

n——污染事故导致产量下降的农产品种类。

8.3.5.2 系数确定

(1)受影响面积。经与委托方协商，本鉴定仅对菠菜亩产产值进行估算，故面积数据不予获取，计算过程取 $A=1$ 亩。

(2)当年当季菠菜亩产量。因正常年份当地同期菠菜产量数据不易获取,依据 SF/Z JD0601001—2014,以对照地块菠菜同期单位产量进行计算。选取同一时间种植、未施用疑似肥料的对照地块进行田间测产。随机选取收割收购地块作为测产单元,进行菠菜产量测定。

菠菜属于一次性采收的蔬菜,采用田间抽样测产推定产量法,每个测产单元随机选择 3～5 个分点,每个分点划定 1 m^2 采集菠菜样品,收获后的菠菜去除杂质,即不能成为商品的部分,如小叶和其他杂质如泥土、杂草后,称重,获取菠菜鲜重计算产量。

本案例选取五个地块,其中,四个地块各划分 5 个分点,一个地块受长势、面积、尚未出售等因素所限,划分 3 个分点,每个分点划定 1 m^2 采集菠菜样品,进行田间测产。测产结果见表 8.1。

表 8.1　各地块菠菜田间测产产量

单位:kg/m^2

分点	地块 1	地块 2	地块 3	地块 4	地块 5
分点 1	5.50	2.30	4.60	6.20	5.15
分点 2	4.60	3.10	6.85	5.30	4.90
分点 3	5.95	3.25	6.50	5.00	3.80
分点 4	5.05	3.40	7.40	5.05	
分点 5	4.95	3.70	7.95	4.95	
平均值	5.21	3.15	6.66	5.30	4.62

5 个地块 1m^2 菠菜产量平均值:

$(5.21 + 3.15 + 6.66 + 5.30 + 4.62)/5 = 4.99\ kg/m^2$;

菠菜亩产 $D = 4.99 \times 666.67 = 3326.68$ kg/亩。

(3)菠菜价格。菠菜价格采用田间地头价格,以当天价格为基准,采用现场问询方式,问询对象分布于 3 个乡镇,共 5 户。调查得知,菠菜价格在 3.0～4.0 元/kg,取平均值 3.5 元/kg,则本鉴定 $P=3.5$ 元/kg。

(4)减产幅度。由因果关系鉴定可知,受鉴地块菠菜出苗后,生长受抑,无侧根和毛细根,无法获取营养继续生长,故减产幅度 $a=100\%$。

(5)后期投资。通过现场调查得知,菠菜出苗至成熟收割期间,尚需进行的后期投资主要有浇水、冲施肥、挂网、锄草、杀菌和收割，收割费用0.44元/kg，则每亩菠菜收割费用为：

0.44元/kg×3326.68 kg/亩＝1463.74元/亩。

后期投入 F＝浇水费用＋冲施肥费用＋挂网费用＋锄草费用＋杀菌费用＋收割费用＝20＋36.67＋33.75＋200＋19.25＋1463.74＝1773.41元/亩；

故后期投入 F＝1773.41元/亩。

8.4 鉴定要点

(1)排除性调查。利用现场勘察记录以及现场调查技术，鉴定人员应明确排除性调查的调查方法及重点内容：一是确定在排除性调查过程中基本情况调查、受害症状调查以及种养殖情况调查中的重点内容及调查方法，包括现场采样方案的确定以及采样技术要点；二是在上述基础上排除受损农产品受到环境污染或生态破坏的影响。

(2)环境污染调查。利用现场勘察记录以及现场调查技术，通过现场受损农产品及土壤的采集检测，以及实验室内毒性模拟实验方法，获取致害物对农产品的致害特点、致害行为及致害途径。

(3)因果关系分析。在排除性调查以及环境污染调查的基础上，利用毒性模拟实验，综合判定受鉴农产品受损与疑似肥料施加的因果关系。

8.5 案例典型意义

(1)案件本身具有典型性。主要体现在：一是本案例涉及的肥料中的大部分有机物质缺乏相关检测标准，需通过构建新检测方法进行检测；二是本鉴定致害对象为某肥料，通过损害前后、受损区域对照区现场勘察和种子发芽率实验不难确定，难以确定的是肥料中的具体致害物质和致害机理是原料的问题还是生产工艺和生产过程的问题，本鉴定借助腐熟度实验和肥料中物质全扫等方式，发现受鉴肥料腐熟度过低，肥料中含有部分未知苯系物，这为进一步厘清致害责任提供了科学参考。

(2)具有典型的示范效应。本鉴定案例是《农业环境损害鉴定调查技术规范》(NY/T 3665—2020)的成功应用,可作为肥料对农业环境损害案例的典型示范,为相关农业环境损害案件的鉴定提供了技术指导思路,为农户农产品受损事件责任人认定和损失赔偿提供了科学证据。

第9章　农用水体环境损害典型案例解析

9.1　教学要点

本案例采用第4章损害溯源中的溯源模型以及遥感卫星技术对特征污染物在水体中的动态扩散行为进行模拟，结合第4章溯源监控结果分析了污染物随空间和时间的变化规律；采用第7章排除性调查与环境损害调查对现场进行勘察，明确污染物从污染源迁移至目标区域的水渠分支入口、涵洞等关键点位，并通过现场测量与问询等方式获取溯源模型相关参数；采用第6章中的因果关系判定程序判定污染源泄漏的污染物对受鉴水渠造成了污染。

9.2　基本案情

某水产养殖公司购买的海参卵在投放的当天晚上发现全部解体死亡，后续多次投放的海参卵也先后死亡。经多方排查，疑某化工厂泄漏的污染物导致受鉴水渠水体水质变化所致，对此化工厂提出质疑。

9.3　鉴定过程

鉴定人员开展现场勘察工作(图9.1)，为使现场勘察更具针对性，鉴定人员明确了本案现场勘察的重点：一是确定污染物存储和泄漏的位置，确定污染源；二是明确受鉴水渠状况；三是确定水产养殖公司取水口位置。针对以上勘察重点，鉴定人员对鉴定区域进行了拍照、取样和点位坐标获取等工作，通过卫星遥感技术快速拾取勘察点位地理坐标并记录现场情况。鉴定人员在污染源、水渠不同断面、取水口分别采集水样进行检测，获取水质数据。

图 9.1　现场勘察情况

结合专家提供的意见，采用完全混匀和模型模拟两种方法计算受鉴水渠水体水质变化。根据现场勘察结果，受鉴水渠水深不足 2 m，不存在明显分层现象，采用二维模型足以满足模拟要求。经模型比对，选择 MIKE21 模型对受鉴水渠进行污染物扩散模拟。

根据现场勘察状况、模型模拟要求及文献资料确定模拟参数，包括受鉴水渠长度、宽度、水深、涡黏系数和污染物扩散系数等。利用 AutoCAD 软件生成受鉴水渠边界文件，通过 SMS 软件生成网格，单元网格的划分方式采用三角形网格并分别附加水深值。通过 MIKE21 模拟结果溯源案发时泄漏污染物对受鉴水渠的影响(图 9.2)。

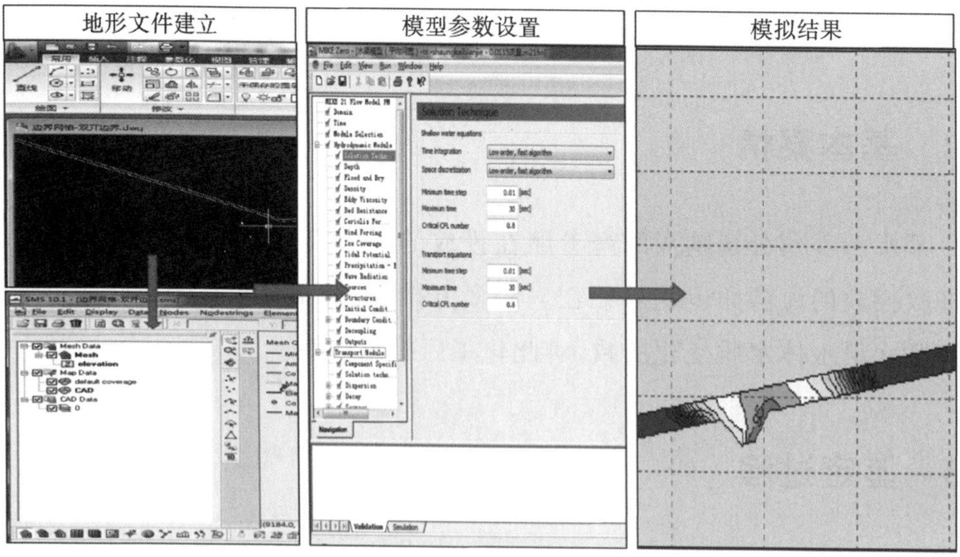

图 9.2　模型模拟流程

为确保鉴定意见的可靠性，采用完全混匀和模型模拟分别计算水体污染物浓度。

9.3.1 完全混匀

完全混匀的水体污染物含量按以下公式计算（不考虑降解和吸附等作用）：

$$S=\frac{m}{M}=\frac{qtc_1S_1+Vc_2S_2}{qtc_1+Vc_2} \tag{9.1}$$

式中，S——混匀水体污染物含量（‰）；

m——混匀水体中污染物的质量(g)；

M——混匀水体质量(g)；

q——污染物泄漏流量(m^3/min)；

t——污染物泄漏时间(min)；

c_1——泄漏污染物的密度(g/cm^3)；

S_1——泄漏污染物含量（‰）；

V——受鉴水渠水体体积(m^3)；

c_2——受鉴水渠水体密度(g/cm^3)；

S_2——受鉴水渠水体盐度（‰）。

鉴定材料检测报告显示，闸口泄漏的污染物含量为10.5%。得知受鉴水渠水体污染物含量为25‰，污染水体和受鉴水渠水体密度分别为1.068 g/cm^3和1.019 g/cm^3。

9.3.2 模型模拟

采用二维模型模拟污染物泄漏的影响范围，选择 MIKE21 中的 Flow Model (fm)模型进行模拟。

(1)地形文件建立。用 AutoCAD 结合受鉴水渠测量数据生成受鉴水渠边界文件，然后用 SMS 软件生成网格，单元网格的划分方式采用三角形网格。

因缺乏水渠水深散点数据，将受鉴水渠整体划分为三个部分，分别设置水深值。

（2）主要参数条件。因缺少案发期间受鉴水渠水体的实测数据，无法对模型进行率定，此次模型模拟参数的设置由参考相关文献资料获取。

干湿水深：采用模型推荐值，干水深 $h_{\mathrm{dry}}=0.005\ \mathrm{m}$，淹没水深 $h_{\mathrm{flood}}=0.05\ \mathrm{m}$，湿水深 $h_{\mathrm{wet}}=0.1\ \mathrm{m}$；

涡黏系数：选用 Smagorinsky 公式，设置为 0.28；

底床摩擦力：选用曼宁系数，取 33.3；

污染扩散系数：采用模型软件中 Formulation 的“Scaled eddy viscosity formulation”选项，设置为 1。

（3）模拟结果。观察污染水体泄漏流量为 $0.0115\ \mathrm{m^3/s}$ 时，不同泄漏时间的受鉴水渠污染扩散情况。当持续泄漏 15 d 时，污染物可到达取水口 1，含量约为 30‰，未到达取水口 2；当持续泄漏 30 d 时，污染物可到达取水口 1、取水口 2，取水口 1 处的污染物含量约为 94‰，取水口 2 的含量约为 45‰；当持续泄漏时间≥45 d，取水口 1 和取水口 2 处的污染物含量均>90‰。

9.4 鉴定要点

（1）模型选取。根据现场勘察结果及鉴定要求选取适宜的水质模型。受鉴水渠水深较浅，采用二维水质模型足以满足模拟要求。参考文献资料，经模型比较，选择 MIKE21 模型。MIKE21 作为国内外水环境研究领域广泛应用的模拟软件，具有人机界面友好和可视化程度高等特点，其数值模拟的科学性已得到世界公认，确保了后续模型模拟的科学性。

（2）参数获取。模拟的准确性与模型参数的选取密切相关，为更贴切案发期间污染物在受鉴水渠内的扩散规律，整合现场勘察、文献资料及专家意见确定 MIKE21 模拟参数。利用 AutoCAD 和 SMS 软件生成模拟所需边界文件，确保模拟结果的准确性。

9.5 案例典型意义

(1)鉴定技术方法上有突破,由于案发时间过长,无法通过样品检测等直接方法确定水体和农业受体损害及致害时间,本鉴定综合运用现场摄录、卫星遥感技术、水质模型模拟、专家建议等多种技术方法,实现了损害与溯源衔接,有效解决因果关系鉴定的技术难题。

(2)具有典型的示范效应。环境水体损害事件受传输介质本身的影响,具有较强的时效性,案发现场易被破坏,给调查取证带来诸多困难。本鉴定利用模型模拟技术手段溯源了污染物在受鉴水体内的迁移扩散规律,且有效避免了现场模拟实验造成的二次污染。

第 10 章 农区大气环境损害典型案例解析

10.1 教学要点

本案例采用第 3 章诊断识别中的叶表观症状诊断识别方法识别棉花、黄豆、辣椒、杨树的受害症状，采用野外现场勘察法和损害鉴别方法识别虾的受害症状；采用第 7 章中的损害确认方法，通过将对照叶片和受害叶片的表观进行对比分析，确认损害事实；采用第 7 章农田生态系统损害鉴定评估中的排除性调查方法，排除了气候环境、养护管理、病虫害的影响，通过环境损害调查方法中的污染源调查、致害途径调查、受鉴对象调查（样品采集及检测），怀疑无人机喷洒农药对受鉴对象存在影响；采用第 4 章损害溯源中的基于水文、气象资料的方法，结合风力风向资料，认为无人机喷洒农药与受鉴对象受损有关；采用第 6 章因果关系鉴定中的判定条件结合农药相关的文献研究报道，判定受鉴对象受损与无人机喷洒农药之间存在因果关系。

10.2 基本案情

据委托方介绍，2022 年某月，天津市某地的棉花、黄豆、辣椒、杨树出现叶片褪色、发黄、卷曲、干枯等现象，养殖虾出现厌食现象，怀疑为无人机喷洒硝烟莠去津、二氯莠去津所致。

10.3 鉴定过程

10.3.1 现场勘察

依照《农业环境损害鉴定调查技术规范》(NY/T 3665—2020)对现场进行勘察。鉴定区域位于天津市某地,90%以上面积种植棉花。在周边选取未受无人机喷洒农药影响且农作物长势正常的地块作为对照区。据委托方介绍,在鉴定对象受损前,邻近地块曾使用无人机喷洒农药硝烟莠去津、二氯莠去津。勘察发现,与对照区(见图 10.1)相比,受鉴棉花、黄豆、辣椒、杨树叶片出现受损症状,且受损程度与施药区的距离有关:紧邻施药区的作物受损程度严重,叶片出现褪色、发黄、卷曲、干枯等现象,并伴有大量黄色斑点(见图 10.2);较远区域的作物受损程度较轻,叶片偶见黄色斑点,伴有叶缘干枯(见图 10.3)。受鉴虾池周边可见大量焦黄、干枯的杂草(见图 10.4),虾出现脱壳困难、厌食、拒食等现象。

图 10.1　对照区棉花现场勘察

图 10.2　受损严重区域现场勘察

图 10.3　受损较轻区域现场勘察

图 10.4　虾池现场勘察

10.3.2　排除性调查

依照《农业环境损害鉴定调查技术规范》(NY/T 3665—2020)开展排除性调查。鉴定对象受损可排除气候环境、养护管理、病虫害的影响;不能排除无人机喷洒农药对鉴定对象的影响。

10.3.3　样品采集与监测

依照《农、畜、水产品污染监测技术规范》(NY/T 398—2000)、《农田土壤环境质量监测技术规范》(NY/T 395—2012)和《农用水源环境质量监测技术规范》(NY/T 396—2000),现场采集植物叶片样品、土壤样品以及虾池水样品,并检测样品中莠去津的浓度。

10.3.4　因果关系分析

10.3.4.1　调查结果分析

根据现场调查和排除性调查分析，排除气候环境、养护管理、病虫害的影响；不能排除无人机喷洒农药对鉴定对象的影响。

据委托方介绍，无人机喷洒农药后鉴定对象陆续出现受损症状。气象资料显示，在喷洒农药当日，风力3级左右，在无围挡措施的情况下，增加了部分农药飘洒到邻近地块的概率，且当日为东南风。现场勘察表明，位于下风向(西北方向)紧邻施药区的鉴定对象比距施药区较远的鉴定对象受损程度严重，可认为无人机喷洒农药与鉴定对象受损有关。

10.3.4.2　莠去津对受鉴棉花、黄豆、辣椒、杨树的影响分析

莠去津是一种选择性内吸传导型除草剂，以根系吸收为主，能够迅速传导至植物分生组织及叶片，干扰植物光合作用。莠去津的使用要求是在无风或微风天气施用，施用时不可使药液飘移到邻近的农作物上，若不慎接触到农作物，会对农作物产生危害。莠去津的主要作用机制是通过抑制植物光合作用使碳水化合物的合成等光化学合成反应受阻，从而起到除草的作用。文献研究表明，莠去津会影响叶绿体中电子的传递，使光合作用受阻，继而影响三磷酸腺苷(ATP)、还原型辅酶Ⅱ(NADPH)的产生和糖类合成等生理生化过程。电子传递的阻滞同时引起氧化应激和自由基的产生，这些自由基能够引起细胞快速损伤，最终破坏植物叶绿体结构，引起代谢紊乱，影响植物正常生长。

本鉴定中，受鉴棉花、黄豆、辣椒、杨树叶片样品中均检测出莠去津，其浓度是对照叶片样品的1.36～35.81倍；受鉴土壤样品中均检测出莠去津，其浓度是对照土壤样品的1.21～5.99倍。受鉴农作物受到莠去津侵染后，细胞快速损伤，破坏植物叶绿体结构，引起代谢紊乱，干扰光合作用，导致叶片褪色、发黄，进而影响植物生长。

10.3.4.3 莠去津对受鉴虾的影响分析

在水环境中，莠去津作为除草剂，不仅可能对沉水植物、浮游植物群落构成威胁，而且能在水生动物体内产生富集，对水体中的低等动物毒性极大，低浓度莠去津可以基本上杀灭水体中的蚤类，还会引起动物去雄性化和雌性化。研究结果表明，水环境中的莠去津浓度为 0.1×10^{-9}时雄蛙的生殖系统受到不良影响，且成年雄蛙处于莠去津环境条件下会逐渐丧失生殖能力并逐渐雌性化。关于节肢动物门甲壳类中华绒螯蟹的研究表明，莠去津有使雄性幼蟹生殖腺提早发育的趋势，还会使雌性幼蟹卵巢内出现闭锁卵母细胞。此外，低浓度莠去津通过改变眼柄视上神经节（XO-SG）超微结构，诱导蜕皮抑制激素的合成分泌，影响甲壳动物的蜕皮过程，进而影响其生长发育。对日本沼虾的研究表明，急性毒性条件下，随着莠去津浓度增大，日本沼虾卵细胞间隙增大，胞体膨大、变形，表明莠去津可导致日本沼虾卵巢组织结构发生病理改变，从而抑制其生殖功能，并影响其内分泌系统。莠去津也可以显著降低中华锯齿米虾血细胞中小颗粒细胞的比例，随着莠去津浓度的增加和暴露时间的延长，中华锯齿米虾血淋巴中小颗粒细胞的比例逐渐降低，使其免疫力下降。

本鉴定中虾池水样品均检测出莠去津，均值为 0.1049×10^{-9}，大于0.1×10^{-9}。虾属于节肢动物甲壳类，当虾处于含有莠去津的水环境时，会影响虾的脱皮过程，进而影响其生长发育，对虾正常生长存在威胁。现场勘察发现，受鉴虾出现脱壳困难、厌食、拒食现象，这与莠去津导致水生动物受损的症状类似。

10.3.4.4 因果关系判断

鉴定对象受损与无人机喷洒硝烟莠去津、二氯莠去津之间存在因果关系。

10.4 鉴定要点

（1）损害指标筛选。导致农作物损害的因子有多种，通过现场调查、资料调研、实践经验以及委托事项要求，有针对性地对农药中的特定成分进行检测,初步筛选出怀疑物质。

(2)因果关系建立。本案例通过排除性调查、致害途径分析、仪器检测分析等方式,排除了气候环境、养护管理、病虫害的影响,初步怀疑农产品受损与农药有关;通过对照数据法获取基线,明确了农作物受损与无人机喷洒农药间的因果关系。

10.5 案例典型意义

(1)案件本身具有典型性。主要体现在:一是本案例涉及农作物的损害、虾的损害,损害类型多样,致害症状各有特点,需对症分析;二是案发时间与受理时间存在一定的时间间隔,鉴材数据及调查获取的信息有限,农产品某损害症状可能存在部分变化情况,需借助文献调研等方式进行因果关系鉴定。

(2)鉴定技术方法上有突破。综合运用现场摄录、专家咨询、文献调研等多种技术方法推动鉴定工作的进行。

(3)具有典型的示范效应。本鉴定案例提升与增加了群众的法治观念和鉴定常识,切实提高了农村群众对司法鉴定工作的认识,引导村民正确维权,助力了乡村振兴。

参考文献

[1]傅柳松. 农业环境学[M]. 北京:中国林业出版社,2000.

[2]易敏,刘桢,冯靖,等. 环境污染对农业生产的影响[J]. 中国环境管理干部学院学报,2010,20(3):58-61.

[3]张耀民. 我国大气污染对农业环境的影响及其经济损失费用的估算[J]. 环境科学, 1986, 7(6): 82-86.

[4]王锐. 高速公路建设对沿线植物的影响评价研究[D]. 武汉:武汉理工大学,2008.

[5]周珂. 环境法学研究[M]. 北京:中国人民大学出版社,2008.

[6]张进. 陶瓷膜分离技术用于工业废水处理及膜污染研究[D]. 北京:中国科学技术大学, 2005.

[7]史长生. 农药残留危害以及检测技术的分析[J]. 食品研究与开发, 2010, 31(9):218-221.

[8]姚丽贤,黄连喜,李国良,等. 广东省荔枝园土壤农药残留现状研究[J]. 环境科学,2010,31(11):2723-2726.

[9]于成明,徐静伟,何邦令,等. 农用化学品污染及预防建议[J]. 生物安全学报,2012,21(3):184-188.

[10]郑向群,师荣光,刘凤枝,等. 农业环境污染突发事件分析与应急响应机制[J]. 农业资源与环境学报,2008,25(1):21-24.

[11]王跃华,刘凤枝,刘申,等. 农业环境污染突发事件预警系统的构建研究[J]. 农业环境与发展,2008(1):32-33,36.

[12]蔡彦明，刘岩，刘凤枝，等. 农业环境污染突发事件应急监测技术[J]. 农业环境与发展，2008(1)：50-54.

[13]何姝，王志苗，李凌伟，等. 便携式仪器的优点及其在环境应急监测中的运用[J]. 环境与发展，2018，30(10)：154-155.

[14]杨正礼，王道龙，李茂松，等. 中国粮食与农业环境双向安全战略思考[J]. 中国农业资源与区划，2006，27(6)：1-4.

[15]陈英旭. 农业环境保护[M]. 北京：化学工业出版社，2007.

[16]周生贤. 我国环境保护的发展历程与探索[J].人民论坛，2014(9)：10-13.

[17]吴宇欣. 环境诉讼与环境损害鉴定[J]. 环境与可持续发展，2013，38(1)：57-60.

[18]於方，田超，张衍燊. 我国环境损害司法鉴定制度初探[J]. 中国司法鉴定，2015，82(5)：13-17.

[19]王伟.论环境污染因果关系鉴定证据[J].环境保护，2008，5B：30-33.

[20]王伟. 浅析农业生态环境损失评估司法鉴定[J]. 中国司法鉴定，2012(5)：130-135.

[21]戴普学. 农业环境污染事件调查方法与政策分析[J]. 云南农业科技，2016(5)：59-61.

[22]於方，张衍燊，齐霁，等. 环境损害鉴定评估关键技术问题探讨[J]. 中国司法鉴定，2016，84(1)：18-25.

[23]张国良，王伟，朱岩，等. 国际环境损害鉴定评估[M]. 北京：中国环境出版社，2017.

[24]王伟，周其文. 基于直接市场法的农业环境污染事故经济损失估算研究[J]. 生态经济，2014，30(1)：157-161.

[25]王伟，张国良，赵晋宇，等.我国农业生态环境损害鉴定评估标准体系研究[J].生态学报，2022，42(1)：161-168.

[26]胡以铿. 地球化学中的多元统计分析[M]. 北京：中国地质大学出版社，1991.

[27]杨海欧，王长城，李文杰，等. 基于微量元素比值分析方法研究川东

南地区小河坝组沉积环境和古气候环境[J]. 岩矿测试，2017，36(3)：289-296.

[28]罗先熔，文美兰，欧阳菲，等. 勘察地球化学[M]. 北京：冶金工业出版社，2007.

[29]王雄军，赖健清，鲁艳红，等. 基于因子分析法研究太原市土壤重金属污染的主要来源[J]. 生态环境学报，2008，17(2)：671-676.

[30]于瑞莲，胡恭任，袁星，等. 同位素示踪技术在沉积物重金属污染溯源中的应用[J]. 地球与环境，2008，36(3)：245-250.

[31]靳雷，刘洋，张硕，等. 无人机遥感系统在某河流域环境监测项目中的应用[J]. 环境保护与循环经济，2013，33(8)：55-57.

[32]董勇刚. 大气污染及其防治措施探讨[J]. 环境与发展，2018：44-45.

[33]董榕，傅嘉媛. 电厂烟气对土壤环境和农作物影响的研究[J]. 中国生态农业学报，2007，15(5)：151-155.

[34]张耀民，付克文，吴丽英. 二氧化硫对小麦性细胞分化及受精过程影响的细胞学研究[J]. 农业环境科学学报，1982(1)：13-18.

[35]易秀，张洪生，郑泽群. 二氧化硫对小麦玉米的急慢性伤害研究[J]. 西北农业大学学报(自然科学版)，1997(4)：45-50.

[36]张金恒，李曰鹏，韩超. 二氧化硫对水稻产量构成因子的影响[J]. 农业环境科学学报，2008，27(5)：1890-1894.

[37]于开江，张录. 二氧化硫对日光温室蔬菜的危害及补救方法[J]. 吉林蔬菜，1997(2)：18.

[38]陈琳. 氟化物对小麦生长的影响[J]. 安徽农学通报，2010，16(3)：48-51.

[39]马开升. 大气氟化物对大蒜、玉米污染危害的研究[J]. 环境监测管理与技术，1997(5)：21-22.

[40]朱彭年，龚金荣，肖世平，等. 氯气对植物影响的观察[J]. 农业环境科学学报，1990(4)：32-33.

[41]黄韵珠，王勋陵. 大气污染物臭氧对小麦生长发育的影响(简报)[J]. 植物生物学报，1989(6)：39-40.

[42]WAGNER G J. Accumulation of cadmium in crop plants and its consequences to human health[J]. Advances in agronomy,1993,51:173-212.

[43]丁枫华,刘术新,罗丹,等. 23 种常见作物对镉毒害的敏感性差异[J]. 环境科学,2011,32(1):277-283.

[44]黄玉芬. 土壤汞对作物的毒害及临界值研究[D]. 福州:福建农林大学,2011.

[45]沈红. 土壤铬对蔬菜的毒害效应及临界值研究[D]. 福州:福建农林大学,2010.

[46]张素霞,王宏康. 污泥施肥时重金属镍对农作物的毒害研究[J]. 环境科学学报,1991,11(1):71-78.

[47]罗丹,胡欣欣,郑海锋,等. 钴对蔬菜毒害的临界值[J]. 生态学杂志,2010,29(6):1114-1120.

[48]陈玉真. 土壤锌对植物的毒害效应及临界值研究[D]. 福州:福建农林大学,2011.

[49]REN L,ZEILER L F,DIXON D G,et al. Photoinduced effects of polycyclic aromatic hydrocarbons on Brassica napus(Canola) during germination and early seedling development[J]. Ecotoxicology & environmental safety,1996,33(1):73-80.

[50]HENNER P,SCHIAVON M,DRUELLE V,et al. Phytotoxicity of ancient gaswork soils. Effect of polycyclic aromatic hydrocarbons(PAHs) on plant germination[J]. Organic geochemistry,1999,30(8):963-969.

[51]王泽港,葛才林,万定珍,等. 1,2,4-三氯苯和萘对水稻幼苗生长的影响[J]. 农业环境科学学报,2006,25(6):1402-1407.

[52]李潘. 苯系物(BTEX)在新疆干旱区土壤中的环境化学行为及其影响因素研究[D]. 乌鲁木齐:新疆大学,2014.

[53]国家环保局. 水和废水监测分析方法[M]. 北京:中国环境科学出版社,1997.

[54]吴宇锋,杨家凤,魏恩棋. 顶空气相色谱法测定土壤中的苯系物[J]. 城市环境与城市生态,2001(6):40-42.

[55]HARWOOD C S,GIBSON J. Shedding light on anaerobic benzene ring degradation:a process unique to prokaryotes? [J]. Journal of bacteriology,1997,179(2):301-309.

[56]王冬. 多氯联苯(PCBs)的环境生态毒性研究[D]. 杭州:浙江大学,2006.

[57]李强. 作物产生药害原因及对策[J]. 农村新技术,2010(13):16.

[58]冯国民. 几种农作物常见药害的症状与补救措施[J]. 云南农业科技,2006(4):41.

[59]李明桃. 大气中 SO_2 气体污染物对植物的危害与影响[J]. 农业灾害研究,2013,3(9):28-31.

[60]王克如. 基于图像识别的作物病虫草害诊断研究[D]. 北京:中国农业大学,2005:2-3.

[61]胡秋霞. 基于图像分析的植物叶部病害识别方法研究[D]. 杨凌:西北农林科技大学,2013:4-5.

[62]ZHENG L Y ,ZHANG J T ,WANG Q Y . Mean-shift-based color segmentation of images containing green vegetation[J]. Computers and electronics in agriculture,2009,65(1):93-98.

[63]卢劲竹. 基于光谱成像技术的植物叶片病害监测研究[D]. 杭州:浙江大学,2016:8-9.

[64]吴彦红,严霖元,吴瑞梅,等. 利用荧光光谱图像技术无损检测猕猴桃糖度[J]. 江西农业大学学报,2010,32(6):1297-1300.

[65]黄星奕,刘益权,赵杰文. 基于近红外图像技术的水果轻微损伤检测[J]. 微计算机信息,2007,23(34):229-231.

[66]金铭. 水稻镉污染胁迫高光谱分析模型研究[D]. 北京:中国地质大学,2011:3-5.

[67]吴晓丽. 滇中地区云南松林生物量及碳储量遥感估测模型应用研究[D]. 昆明:西南林学院,2009.

[68]迟光宇,刘新会,刘素红,等. Cu 污染与小麦特征光谱相关关系研究[J]. 光谱学与光谱分析,2006,26(7):1272-1276.

[69]任红艳,庄大方,潘剑君,等.重金属污染水稻的冠层反射光谱特征研究[J].光谱学与光谱分析,2010,30(2):430-434.

[70]刘美玲,刘湘南,李婷,等.水稻锌污染胁迫的光谱奇异性分析[J].农业工程学报,2010,26(3):191-197.

[71]金铭,刘湘南,李铁瑛.基于冠层多维光谱的水稻镉污染胁迫诊断模型研究[J].中国环境科学,2011,31(1):137-143.

[72]修丽娜,刘湘南,刘美玲.镉污染水稻高光谱诊断分析与建模[J].光谱学与光谱分析,2011,31(1):192-196.

[73]关丽,刘湘南.水稻镉污染胁迫遥感诊断方法与试验[J].农业工程学报,2009,25(6):168-173.

[74]李玉浸,段武德.农业环境污染事件诊断技术指南[M].北京:化学工业出版社,2008.

[75]唐文成.植物病害的症状及其诊断方法[J].现代农业科技,2014(15):158.

[76]项洋,柴沙驼,郝力壮,等.化学方法在农产品产地溯源中的研究进展[J].食品工业科技,2015,36(20):371-376.

[77]LUYKX D M A M, RUTH S M V. An overview of analytical methods for determining the geographical origin of food products[J]. Food chemistry,2008,107(2):897-911.

[78]王小平,李柏.ICP-OES和ICP-MS测定中日两国大米中27种矿质含量[J].光谱学与光谱分析,2010,30(8):2260-2264.

[79]赵海燕,郭波莉,张波,等.小麦产地矿物元素指纹溯源技术研究[J].中国农业科学,2010,43(18):3817-3823.

[80]罗婷,赵镭,胡小松.绿茶矿质元素特征分析及产地判别研究[J].食品科学,2008,29(11):494-497.

[81]BLANCO M,VILLARROYA I. NIR spectroscopy:a rapid-response analytical tool[J]. Trends in analytical chemistry,2002,21(4):240-250.

[82]SUN D V. Infrared spectroscopy for food quality analysis and control[M]. New York:Academic Press,2009:179-180.

[83]LUYKX D M A M, RUTH S M V. An overview of analytical methods for determining the geographical origin of food products[J]. Food chemistry,2008,107(2):897-898.

[84]张玲,邱芳萍,于键. 现代近红外光谱技术[J]. 长春工业大学学报,2003,24(4):23-26.

[85]刘英，吴曙光，尹州，等. 指纹图谱技术在茶叶研究上的应用[J]. 茶叶科学，2013，33(1)：13-20.

[86]LI J F. Study on Infrared Fingerprint of Sculellaria brbata [J]. Agricultural science & technology，2017,18(12):2561-2562.

[87]赵建军，高晓娟，雍婧姣，等. 宁夏产柴胡药材与其对照药材的HPLC 指纹图谱及近红外光谱比较[J]. 中国实验方剂学杂志，2017，23(8)：50-56.

[88]盛瑜，李梓橦，刘玲，等. 龟甲药材的红外指纹图谱鉴别研究[J]. 时珍国医国药，2017，28(5)：1127-1129.

[89]赵建军，高晓娟，王英华，等. 栽培黄芩与其对照药材的 HPLC 指纹图谱及近红外图谱比较研究[J]. 中国中药杂志，2016，41（22）：4204-4209.

[90]万毅，张玉，杨华，等. 基于近红外光谱的橄榄油理化指标快速检测模型研究[J]. 食品工业科技，2017，38(21)：257-267.

[91]黄伟，杨秀娟，张燕鸣，等. 近红外光谱技术在肉类定性鉴别中的研究进展[J]. 肉类研究，2014，28(1)：31-34.

[92]张宁. 羊肉产地近红外光谱溯源模型的建立与机理初探[D]. 北京：中国农业科学研究院,2008:9-12.

[93]冯伟莹，朱元荣，吴丰昌，等. 太湖水体溶解性有机质荧光特征及其来源解析[J]. 环境科学学报，2015，36(2)：475-482.

[94]闫金龙，江韬，高洁，等. 两江交汇处水体溶解性有机质的吸收和荧光光谱特征：以渠江-嘉陵江、涪江-嘉陵江为例[J]. 环境科学，2015，36(3)：869-878.

[95]梁俭，江韬，魏世强，等. 夏、冬季降雨中溶解性有机质(DOM)光

谱特征及来源辨析[J]. 环境科学，2015，36(3)：888-897.

[96]宋晓娜，于涛，张远，等. 利用三维荧光技术分析太湖水体溶解性有机质的分布特征及来源[J]. 环境科学学报，2010，30(11)：2321-2331.

[97]HUDSON N，BAKER A. Fluorescence analysis of dissolved organic matter in nature，waste and polluted waters—a review[J]. River reasearch and applications，2007，23(6)：631-649.

[98]周燕. 基于三维荧光光谱技术的水质有机物检测方法研究[D]. 唐山：河北联合大学，2014.

[99]SHINTU L，CALDARELL S，FRANKE B M. Pre-selection of potential molecular markers for the geographic origin of dried beef by HR-MAS NMR spectroscopy[J]. Meat science，2007，76(4)：700-707.

[100]RENOU J P，BIELICKI G，DEPONGE C，et al. Characterization of animal products according to geographic origin and feeding diet using nuclear magnetic resonance and isotope ratio mass spectrometry-Part Ⅱ：beef meat [J]. Food chemistry. 2004，86(2)：251-256.

[101]肖洋，王新娟，姜雪松. 气相色谱-质谱法测定水中25种挥发性有机物及其在污水厂应急溯源中的应用[J]. 理化检验-化学分册，2015，51(5)：634-637.

[102]胡献刚. 环境中典型抗生素测定方法、污染水平与归宿[D]. 天津：南开大学，2009.

[103]郭波莉，孙淑敏，魏益民. 羊肉产地指纹图谱溯源技术研究[M]. 北京：科学出版社，2014.

[104]郭波莉. 牛肉产地同位素与矿物元素指纹溯源技术研究[M]. 北京：中国农业科学院，2007.

[105] ROSSMANN A，HABERHAUER G，HöLZL S，et al. The potential of multielement stable isotope analysis for regionalorigin assignment of butter[J]. European food research and technology，2000，211(1)：32-40.

[106]SCHMIDT O，QUILTER J M，BAHAR B，et al. Inferring the

origin and dietary history of beef from C,N and S stable isotope ratio analysis [J]. Food chemistry,2005,91(3):545-549.

[107]COETZEE P P,STEFFENS F E,EISELEN R J,et al. Multi-element analysis of South African wines by ICP-MS and their classification according to geographical origin[J]. Journal of agricultural and food chemistry,2005,53(13):5060-5066.

[108]HEATON K,KELLY S D,HOOGEWERFF J,et al. Verifying the geographical origin of beef:The application of multi-element isotope and trace element analysis[J]. Food chemistry,2008,107(1):506-515.

[109]高杨,荆淼,王征,等. 海水中痕量元素测定及其在重金属污染源判别方面的应用[J]. 海洋环境科学,2009,28(6):696-701.

[110]樊颖果,冯焕银. CRC-ICP-MS 在重金属突发环境事件中的半定量方法研究[J]. 中国环境监测,2009,25(1):33-36.

[111]余伟河，于瑞莲，胡恭任. 铅锌镉同位素在土壤和沉积物重金属污染溯源研究中的应用进展[J]. 有色金属工程，2012，4：57-62.

[112]高志友,尹观,倪师军,等. 成都市城市环境铅同位地球化学特征[J]. 中国岩溶,2004,23(4):267-272.

[113]黄华斌，林承奇，杨妙峰，等. 福建省茶园土壤-茶叶的铅含量及铅同位素示踪[J]. 地球与环境，2018，46(3)：219-224.

[114]KERSOM M,GARBESCHONBERG C D,THOMSEN S,et al. Source apportionment of Pb pollution in the coastal waters of Elefsis Bay,Greece[J]. Environmental science and technolgy,1997,31(5):1295-1301.

[115]MONNA F,DOMINIK J,LOIZEAU J,et al. Origin and evolution of Pb in sediment of Lake Geneva(Switzerland-France). Establishing a stable Pb record [J]. Environmental science and technology, 1999, 33 (17): 2850-2857.

[116]尚英男,尹观,闫秋实,等. 成都市河道表层沉积物(淤泥)铅污染特征[J]. 城市环境与城市生态,2005,18(6):40-42.

[117]路远发. 杭州西湖与运河沉积物铅同位素组成及其示踪意义[J].

地球化学,2006,35(4):443-452.

[118]曹人升，范明毅，黄先飞，等. 同位素示踪法在大气颗粒物重金属污染溯源中的应用进展[J]. 环境污染与防治，2017，39（2）：212-216.

[119]刘昊年,黄思静,胡作维,等. 锶同位素在沉积学中的研究与进展[J]. 岩性油气藏,2007,19(3):59-65.

[120]覃伟民,袁中新,刘丛强,等. 亚洲沙尘源区砂质土壤同位素特征分析[J]. 过程工程学报,2009,9(增刊 2):101-106.

[121]孟宪伟,杜德文. 冲绳海槽中段表层沉积物物质来源的定量离:Sr-Nd同位素方法[J]. 海洋与湖沼,2001,32(3):319-325.

[122]VIERS J,OLIVA P,NONELL A,et al. Evidence of Zn isotopic fractionation in a soil-plant system of a pristine tropical watershed(Nsimi, Cameroon)[J]. Chemical geology,2007,239(1):124-137.

[123] CLOQUET C, CARIGNAN J, LIBOUREL G, et al. Tracing source pollution in soils using cadmium and lead isotopes [J]. Environmental science and technology,2006,40(8):2525-2530.

[124]HYEONG K,KIM J,PETTKE T,et al. Lead,Nd and Sr isotpe records of pelagic dust:source indication versus the effects of dust extraction procedures and authigenic mineral growth [J]. Chemical geology, 2011, 286(3):240-251.

[125]STEVEN N C,SIDNEY H,EDWARD L S,et al. Stable lead isotopes,contaminant metals and radionuclides in upper Hudson River sediment cores:implications for improved time stratigraphy and transport processes [J]. Chemical geology,2003,199(1):53-70.

[126]GAGLIARDI J V,KARNS J S. Leaching of Escherichia coli O157:H7 in diverse soils under various agricultural management practices[J]. Applied and environmental microbiology,2000,66(3):877-883.

[127]李伟伟,陈晓东. 微生物源追踪研究方法探讨[J]. 江苏预防医学,2011,22(1):64-67.

[128]BRUNK C F,LI J,AVANISS-AGHAJANI E. Analysis of specific

bacteria from environmental samples using a quantitative polymerase chain reaction[J]. Current issues in molecular biology,2002,4(1):13-18.

[129]于瑞莲,胡恭任,袁星,等. 大气降尘中重金属污染源解析研究进展[J]. 地球与环境,2009,37(1):73-79.

[130]钟宇红,房春生,邱立民,等. 扫描电镜分析在大气颗粒物源解析中的应[J]. 吉林大学学报(地球科学版),2008,38(3):473-478.

[131]苏丹,唐大元,刘兰岚,等. 水环境污染源解析研究进展[J]. 生态环境学报,2009,18(2):749-755.

[132]祝云龙,姜加虎,孙占东,等. 洞庭湖沉积物中重金属污染特征与评价[J]. 湖泊科学,2008,20(4):477-485.

[133]李先国,范莹,冯丽娟. 化学质量平衡受体模型及其在大气颗粒物源解析中的应用[J]. 中国海洋大学学报(自然科学版),2006,36(2):225-228.

[134]王帅杰,朱坦. 大气颗粒物源解析技术研究进展[J]. 环境工程学报,2002,3(8):8-12.

[135]郑伟. 城市污水管网有毒物质溯源监控技术研究[D]. 重庆:重庆大学,2011.

[136]韩平,王纪华,陆安详,等. 北京顺义区土壤重金属分布与环境质量评价[J]. 农业环境科学学报,2012,31(1):106-112.

[137]熊鸿斌,胡海文,王振祥,等. 淮南煤矿区土壤重金属污染分布特征及污染溯源研究[J]. 合肥工业大学学报(自然科学版),2015,38(5):686-693.

[138]徐庆. 上海郊区农业地土壤重金属污染研究与溯源[D]. 上海:东华大学,2008.

[139]李婷婷,刘子宁,朱鑫,等. 珠三角地区土壤重金属元素异常来源浅析及其环境质量评价[J]. 国土资源导刊,2016,13(2):30-35.

[140]张远航,唐孝炎,毕木天. 兰州西固地区气溶胶污染源的鉴别[J]. 环境科学学报,1987,7(3):269-278.

[141]邹本东,徐子优,华蕾,等. 因子分析法解析北京市大气颗粒物 PM_{10} 的来源[J]. 中国环境监测,2007,23(2):79-85.

[142]柯昌华,金文刚,钟秦. 玉溪市中心城区环境空气中 TSP 的源解析

[J]. 南京理工大学学报,2004,28(3):321-324.

[143]杨钰,金永民,孙晓怡,等. 用因子分析法解析抚顺大气颗粒物来源[J]. 辽宁城乡环境科技,2005,23(4):23-29.

[144]林燕萍,赵阳,胡恭任,等. 多元统计在土壤重金属污染源解析中的应用[J]. 地球与环境,2011,39(4):536-542.

[145]潘金珠,侯宪锋,尤鸿,等. 水污染溯源方法分析[J]. 科技广场,2014,9:10-13.

[146]胡成,王彤,苏丹,等. 水环境中污染物的源解析方法及其应用[J]. 水资源保护,2010(1):57-62.

[147]朱嵩,刘国华,王立忠,等. 水动力-水质耦合模型污染源识别的贝叶斯方法[J]. 四川大学学报:工程科学版,2009,41(5):30-35.

[148]王家彪,雷晓辉,廖卫红,等. 基于耦合概率密度方法的河渠突发水污染溯源[J]. 水利学报,2015,46(11):1280-1289.

[149]薛红琴. 地下水溶质运移模型应用研究现状与发展[J]. 勘察科学技术,2008(6):17-22.

[150]魏恒,肖洪浪. 地下水溶质迁移模拟研究进展[J]. 冰川冻土,2013,35(6):1582-1589.

[151]朱学愚,刘建立. 山东淄博市大武水源地裂隙岩溶水中污染物运移的数值研究[J]. 地学前缘,2001,8(1):171-178.

[152]李功胜,秦惠增,张瑞,等. 地下水及其污染研究的反问题方法[J]. 山东理工大学学报(自然科学版),2005,19(3):1-4.

[153]郭晓东,田辉,张梅桂,等. 我国地下水数值模拟软件应用进展[J]. 地下水,2010,32(4):5-7.

[154]时延锋. SCEUA 算法在地下水污染溯源中的应用研究[D]. 济南:济南大学,2005.

[155]梁鸿,黄锡坚,乔妙杰. 曲线拟合在环境空气污染物浓度预测中的应用[J]. 中国环境监测,2001,17(5):40-42.

[156]杨瑞连,曾光明,李晓东. 混沌粒子群算法在水污染控制系统规划中的应用[J]. 环境工程学报,2010,4(12):2679-2682.

[157]陈媛华. 河流突发环境污染事件源项反演及程序设计[D]. 哈尔滨：哈尔滨工业大学，2011.

[158]郑美琴. 日照市区环境空气污染与气象条件关系的研究[D]. 青岛：中国海洋大学，2004.

[159]冯宏芳，隋平，邱丽霞. 福州市污染物浓度时空分布及影响因子分析[J]. 气象科技，2003，31(6)：356-360.

[160]杨义彬. 成都市大气污染及气象条件影响分析[J]. 四川气象，2004，24(3)：40-43.

[161]刘焕彬，王新. 济南市首要污染物浓度与气象要素的相关分析[C]//全国农业气象与生态环境学术年会论文集，2006：485.

[162]李梅，张学雷. 基于 GIS 的农田土壤肥力评价及其与土体构型的关系[J]. 应用生态学报，2011，22(1)：129-136.

[163]谢元礼，胡斌. 浅谈 GIS 的发展历程与趋势[J]. 铁路航测，2000(4)：10-13.

[164]姜作勤，陈春仔. GIS 的发展及其在地学领域的应用现状与趋势[J]. 国外地质科技，1998(1)：98.

[165]刘颖. 基于最优搜索理论的流域事故性污染源搜索方法研究[D]. 成都：西南交通大学，2007.

[166]王爱华，姜小三，潘剑君. CBERS 与 TM 在水体污染遥感监测中的比较研究[J]. 遥感信息，2008(2)：46-50.

[167]吴文强，李文文，卫福旺. 济源盆地浅层地下水污染溯源模拟[J]. 地下水，2009，31(4)：95-97.

[168]唐小晴. 突发性水环境污染事件的环境损害评估方法与应用[D]. 北京：清华大学，2012.

[169]魏建宇. 污染场地土壤环境损害鉴定评估基线研究及应用[D].沈阳：沈阳建筑大学，2021.

[170]HAWKINS C P，OLSON J R，HILL R A. The reference condition：predicting benchmarks for ecological and water-quality assessments [J]. Journal of the north american benthological society，2010，29(1)：312-343.

[171]赵丹，吴昊达，王膑，等.土壤环境基线相关概念辨析[J].环境保护，2020，48(24)：51-55.

[172]宋静，骆永明，夏家淇.我国农用地土壤环境基准与标准制定研究[J].环境保护科学，2016，42(4)：29-35.

[173]张铁群，吴迪，李嘉珣，等.草原矿区土壤环境损害基线评估判定的应用研究——以内蒙古草原矿区为例[J].生态学报，2021，41(18)：7417-7424.

[174]王伟，赵晋宇，强沥文，等.农业环境损害因果关系鉴定研究[J].农业环境科学学报，2022，41(9)：1855-1863.

[175]陈雅丽，翁莉萍，马杰，等.近十年中国土壤重金属污染源解析研究进展[J].农业环境科学学报，2019，38(10)：2219-223.

[176]吴龙华，张长波，章海波，等.铅稳定同位素在土壤污染物来源识别中的应用[J].环境科学，2009，30(1)：227-230.

[177]施理.环境侵权诉讼中因果关系推定的适用[J].法律适用，2015(3)：83-90.

[178]陈伟.环境侵权因果关系类型化视角下的举证责任[J].法学研究，2017，39(5)：133-150.

[179]唐绍均，生银.论环境侵权的“无因果关系”及其认定规则的健全[J].大连理工大学学报(社会科学版).2021(5)：85-91.

[180]封海波.医疗损害因果关系认定与责任分配研究[J].江苏社会科学.2021(5)：130-138.

[181]爱伦·M.芭波里克.侵权法重述纲要[M].3版.许传玺，译.北京：法律出版社，2016：82，186，190.

[182]丁凤楚.论国外的环境侵权因果关系理论——兼论我国相关理论的完善[J].社会科学研究.2007(2)：99.

[183]MILLER M S，FRIEDLANDER S K，HIDY G M. A-chemical element balance for the Pasadena aerosol [J].Journal of colloid and interface science，1972，39(1)：165-176.

[184]袁宏钟，红梅，赵利，等.基于PCA/APCS受体模型的崇州市典型农田土壤重金属污染源解析[J].四川环境，2019(12)：35-43.

[185]黄颖.不同尺度农田土壤重金属污染源解析研究[D].杭州:浙江大学,2018.

[186]王伟. 我国农用地土壤污染责任技术鉴定[J].环境保护.2021(3-4):94-98.

[187]黄秉维.生态平衡与农业地理研究——生态平衡概念[J].地理研究,1982(1):3-8.

[188]赵士洞,张永民.生态系统与人类福祉——千年生态系统评估的成就、贡献和展望[J].地球科学进展,2006(9):895-902.

[189]李鹏山. 农田系统生态综合评价及功能权衡分析研究[D].北京:中国农业大学,2017.

[190]夏伦旺.农田生态系统的概念、组成和特性[J].生物学通报,2000(3):18.

[191]马坤.空气污染概况及防治理论[J].皮革制作与环保科技,2021,2(18):172-173.

[192]沈丰菊.我国农业废水处理技术的应用现状与发展趋势[J].农业工程技术(新能源产业),2011(1):16-19.

[193]杨冰. 我国农业面源污染防治法律制度研究[D].太原:山西财经大学,2014.

[194]马建锋,罗文锋.突发性环境污染事故应急管理系统研究进展[J].四川环境,2009,28(6):105-108+114.

[195]周艳丽,卢秉福.农田机械压实对土壤物理特性的影响[J].中国农机化学报,2018,39(9):66-70.

[196]李志红,赵紫华,秦誉嘉,等.我国玉米外来物种入侵防控技术研究与应用[J].植物保护学报,2022,49(5):1283-1298.

[197]丁瑞雪,谷彦彬.许昌市地下水超采引起的问题与对策[J].治淮,2015(7):14-15.

[198]薛廉清.水文地质环境在土地沙漠化发展过程中的控制[J].甘肃水利水电技术,2005(2):183-194.

[199]梁萌帆,李明思.微咸地下水浅埋条件下滴灌频率对土壤盐分运移

过程的影响[J].石河子大学学报(自然科学版),2018,36(4):422-430.

[200]王灿发,程多威.新《环境保护法》规范下环境公益诉讼制度的构建[J].环境保护,2014,42(10):35-39.

[201]於方,张志宏,孙倩,等.生态环境损害鉴定评估技术方法体系的构建[J].环境保护,2020,48(24):16-21.

[202]窦晶鑫.农业生态环境损害鉴定评估制度:美欧经验及启示[J].农业农村部管理干部学院学报,2019(1):24-27.

[203]王伟,石春.农用地土壤污染责任人认定研究[J].环境保护,2019,47(22):47-50.

[204]牛坤玉,於方,张红振,等.自然资源损害评估在美国:法律、程序以及评估思路[J].中国人口·资源与环境,2014,24(S1):345-348.

[205]曹林杰. 我国环境损害鉴定评估制度研究[D].郑州:河南大学,2019.

[206]於方,刘倩,齐霁,等.借他山之石完善我国环境污染损害鉴定评估与赔偿制度[J].环境经济,2013(11):38-47.

[207]王轩.欧盟《关于预防和补救环境损害的环境责任指令》[J].国际商法论丛,2008,9(0):397-424.

[208]过孝民,张慧勤.我国环境污染造成经济损失估算[J].中国环境科学,1990,10(1):9.

[209]金鉴明.中国典型生态区生态破坏现状及其保护恢复利用研究[J].农村生态环境,1992(1):1-8.

[210]徐嵩龄.生态资源破坏经济损失计量中概念和方法的规范化[J].自然资源学报,1997(2):65-73.

[211]於方,过孝民,张衍燊,等.2004 年中国大气污染造成的健康经济损失评估[J].环境与健康杂志,2007(12):999-1003,1033.

[212]王伟.农业生态环境及农产品质量安全司法鉴定专论[M].北京:中国法制出版社,2014.

[213]王伟,周其文.基于直接市场法的农业环境污染事故经济损失估算研究[J].生态经济,2014,30(1):157-161.

[214]刘岩，贾岳清，刘荻.中国生态环境损害鉴定评估现状及建议[J].世界环境，2021(6)：73-75.

[215]於方，刘倩，牛坤玉.浅议生态环境损害赔偿的理论基础与实施保障[J].中国环境管理，2016，8(1)：50-53.

[216]方精云，唐志尧，张媛，等.全球生态系统功能和自然资本的价值[J].世界环境，1999(2)：5-8.

[217]李文华，张彪，谢高地.中国生态系统服务研究的回顾与展望[J].自然资源学报，2009，24(1)：1-10.

[218]孙新章，周海林，谢高地.中国农田生态系统的服务功能及其经济价值[J].中国人口·资源与环境，2007(4)：55-60.

[219]於方，张衍燊，徐伟攀.《生态环境损害鉴定评估技术指南　总纲》解读[J].环境保护，2016，44(20)：9-11.

[220]王伟，熊明民.关于设立农业环境损害学的思考[J].农业环境科学学报，2023，42(12)：2635-2643.

附录　本书引用标准

标准号	标准名称
GB 2761—2017	食品安全国家标准　食品中真菌毒素限量
GB 2762—2022	食品安全国家标准　食品中污染物限量
GB 2763—2021	食品安全国家标准　食品中农药最大残留限量
GB 3095—2012	环境空气质量标准
GB 3838—2002	地表水环境质量标准
GB 4284—2018	农用污泥污染物控制标准
GB 5084—2021	农田灌溉水质标准
GB 5749—2022	生活饮用水卫生标准
GB 8978—1996	污水综合排放标准
GB 11607—1989	渔业水质标准
GB 15618—2018	土壤环境质量　农用地土壤污染风险管控标准(试行)
GB 16297—1996	大气污染物综合排放标准
GB 18668—2002	海洋沉积物质量
GB 31650—2019	食品安全国家标准　食品中兽药最大残留限量
GB 50288—2018	灌溉与排水工程设计标准
GB 50433—2018	生产建设项目水土保持技术标准
GB/T 14848—2017	地下水质量标准
GB/T 15063—2020	复合肥料
GB/T 16157—1996	固定污染源排气中颗粒物测定与气态污染物采样方法
GB/T 21678—2018	渔业污染事故经济损失计算方法
GB/T 30600—2022	高标准农田建设　通则

续表

标准号	标准名称
GB/T 39791.1—2020	生态环境损害鉴定评估技术指南　总纲和关键环节　第1部分:总纲
GB/T 39791.2—2020	生态环境损害鉴定评估技术指南　总纲和关键环节　第2部分:损害调查
GB/T 39792.1—2020	生态环境损害鉴定评估技术指南　环境要素　第1部分:土壤和地下水
GB/T 39792.2—2020	生态环境损害鉴定评估技术指南　环境要素　第2部分:地表水和沉积物
GB/T 51240—2018	生产建设项目水土保持监测与评价标准
HJ 2.2—2018	环境影响评价技术导则　大气环境
HJ 194—2017	环境空气质量手工监测技术规范
HJ 589—2021	突发环境事件应急监测技术规范
HJ 627—2011	生物遗传资源经济价值评价技术导则
HJ 1019—2019	地块土壤和地下水中挥发性有机物采样技术导则
HJ/T 166—2004	土壤环境监测技术规范
HJ/T 332—2006	食用农产品产地环境质量评价标准
NY 1614—2008	农田灌溉水中4-硝基氯苯、2,4-二硝基氯苯、邻苯二甲酸二丁酯、邻苯二甲酸二辛酯的最大限量
NY/T 395—2012	农田土壤环境质量监测技术规范
NY/T 396—2000	农用水源环境质量监测技术规范
NY/T 397—2000	农区环境空气质量监测技术规范
NY/T 398—2000	农、畜、水产品污染监测技术规范
NY/T 525—2021	有机肥料
NY/T 789—2004	农药残留分析样本的采样方法
NY/T 1263—2022	农业环境损害事件损失评估技术准则
NY/T 3025—2016	农业环境污染损害鉴定技术导则
NY/T 3499—2019	受污染耕地治理与修复导则
NY/T 3665—2020	农业环境损害鉴定调查技术规范
NY/T 4155—2022	农用地土壤环境损害鉴定评估技术规范
SF/Z JD0601001—2014	农业环境污染事故司法鉴定经济损失估算实施规范
SF/Z JD0606001—2018	农业环境污染损害司法鉴定操作技术规范
SF/Z JD0606002—2018	农作物污染司法鉴定调查技术规范
SL 190—2007	土壤侵蚀分类分级标准
TD/T 1036—2013	土地复垦质量控制标准